果树丰产栽培技术丛书

LI YOUZHI
FENGCHAN
ZAIPEI
SHIYONG
JISHU

梨优质丰产栽培实用技术

陈敬谊 主编

化学工业出版社
·北京·

图书在版编目（CIP）数据

梨优质丰产栽培实用技术/陈敬谊主编．—北京：化学工业出版社，2016.3（2024.1重印）
（果树优质丰产栽培技术丛书）
ISBN 978-7-122-26071-0

Ⅰ．①梨…　Ⅱ．①陈…　Ⅲ．①梨-果树园艺　Ⅳ．①S661.2

中国版本图书馆CIP数据核字（2016）第011552号

责任编辑：邵桂林　　　　文字编辑：赵爱萍
责任校对：王素芹　　　　装帧设计：孙远博

出版发行：化学工业出版社（北京市东城区青年湖南街13号　邮政编码100011）
印　　装：北京盛通数码印刷有限公司
850mm×1168mm　1/32　印张8¼　字数266千字
2024年1月北京第1版第9次印刷

购书咨询：010-64518888　　　　售后服务：010-64518899
网　　址：http://www.cip.com.cn
凡购买本书，如有缺损质量问题，本社销售中心负责调换。

定　　价：29.00元　

编写人员名单

主　　编　陈敬谊

编写人员（按姓氏汉语拼音顺序排序）

陈敬谊　程福厚　张纪英

前　言

梨树栽培管理技术的高低直接影响梨园的经济效益。在现代农业的大背景下，果树的栽培管理生产已经不能仅关注果品的产量，更应注重果品的质量，这样才能满足市场需求，才能创造出高的经济效益，这就需要有现代的、先进的果树栽培和管理技术做后盾。同时随着国家现代新型农业产业体系的建设，越来越多的人加入到现代农业的经营与管理的行列，尤其各地新建各种大型农业园区、梨园区等的发展势头强劲，梨的优质、高效、丰产栽培与管理技术是相关从业者必须掌握的关键技术。

本书对梨生产现状与发展趋势、梨优良品种的特性与品种选择、梨育苗技术、梨园建园技术、整形修剪技术、土肥水管理技术、花果管理、病虫害防治技术等内容进行了详细的介绍，以便使梨的种植及管理人员、相关技术服务人员能够全面、详尽地掌握梨优质丰产的现代栽培技术。

本书结合笔者多年生产一线的实践经验，根据梨栽培管理中的实际需求，力求介绍生产中最实用的先进技术，介绍生产新动向，以服务于现代农业大背景下的梨产业的发展需求，使内容贴近实际，解决果农在生产中遇到的实际问题。

本书在编写过程中，参阅了一些专家、学者的研究成果及相关书刊资料，在此表示真诚的谢意。

由于笔者水平有限，加之时间仓促，书中疏漏之处，敬请读者批评指正。

编者

2016 年 1 月

目录

contents

第一章　概　　述

第一节　梨树栽培的经济意义

梨是蔷薇科、梨属、落叶乔木，是主要落叶果树之一。梨原产我国，至今已有2500年的栽培历史。梨果脆嫩多汁、酸甜可口、营养丰富，每100克新鲜梨果肉含脂类0.1克、蛋白质0.1克、碳水化合物12克、钙5毫克、磷6毫克、铁0.2毫克，还含有维生素B_1、维生素B_2、尼克酸、维生素C等营养成分。除供生食，还制成罐头、梨汁、梨酒、梨膏、梨脯等，不仅营养丰富，还具有药用价值，深受消费者喜爱。

我国梨品种多，分布范围广，北起黑龙江，南至广东，西自新疆，东到沿海各省，南北各地都有栽培，是世界上栽培品种最多、分布范围最广的梨产区。梨树适应性强，对旱、涝、寒冷及盐碱的忍耐力比苹果强，管理上要求较简单，结果早，易丰产，寿命长，投产快，栽培管理容易，经济效益较高。

第二节　梨栽培历史和生产现状

梨树遍及我国大部分地区，并且逐渐形成了适应不同地区气候特点的梨的品种群和系统。改革开放以来，我国梨产业得到了迅速发展，生产得到明显的提高，面积和产量均居世界首位。梨栽培属于劳动密集型产业，我国加入世界贸易组织后，梨作为一种我国的特色水果将会有更大的市场空间，发展潜力巨大。发展和提升我国优质梨产业，对促进我国农村经济的发展和农民增收有重要意义。

据统计，2014年我国梨树栽培面积为128.74万公顷，总产量

1398.6万吨，是我国的第三大果树，梨产业已经成为我国很多地方的农村支柱性产业。酥梨、鸭梨、雪花梨、库尔勒香梨等都是我国的传统梨果；华北、西北、川西、滇东栽培的白梨，燕山、辽西的秋子梨，胶东一带的西洋梨，淮河以南、长江流域栽培的沙梨都各具特色；河北、辽宁、山东、四川、陕西、安徽、江苏、湖北等省建成了规模化梨生产基地，形成了产业化发展的良好态势。

第三节　梨生产中存在的问题及发展趋势

一、梨生产中存在的问题

① 单产低，发展不均衡。

② 大小年现象在有些地区较严重。

③ 品质下降，风味变淡，甜度下降。

④ 病虫害较重，耐储性下降。

⑤ 管理粗放，品种杂乱。

二、增加梨栽培效益的途径

1. 进行规模生产

适度规模生产能实现资源的合理配置，获得最佳的经济效益。

2. 调整品种结构

根据市场需要，适当调整早、中、晚熟果品的比例，城市近郊发展早熟品种，偏远地区发展中、晚熟品种，对老残果园淘汰更新，对老品种高接换头（嫁接技术），实现品种改良。

3. 提高果品质量，创出品牌

通过繁育优良品种、进行科学疏花疏果、改良土壤质地、配方施肥、果实套袋、及时防治病虫害、采后对果品进行商品化处理等措施，提高果品质量，创出名优品牌。

4. 发展果品储藏加工

通过建立采后商品化处理、在销售地建立果品储藏库和批发及零售流通链、推广储藏保鲜技术、兴办果品加工厂等储藏加工业，

拉长产业链、增加附加值，提高综合产值。

三、发展趋势

(1) 提高无公害安全生产意识，推广无公害梨生产技术，积极发展“无公害”“绿色食品”梨果生产。

(2) 我国目前主推的梨优质生产技术

① 无公害果园建园技术　包括优质壮苗繁育技术、授粉树配置技术、定植技术等。

② 新型树形的应用　包括梨树小冠疏散分层形、倒伞形、棚架形等。

③ 梨园生草栽培技术　推广应用梨园种植三叶草、紫花苜蓿等，推广果园种养结合生态栽培模式。

④ 平衡施肥技术　根据营养诊断结果进行施肥。

⑤ 无公害病虫综防技术　包括生物防治技术、物理防治技术、无公害农药施用技术。

⑥ 优质梨花果管理技术　包括人工授粉技术、梨园放蜂技术、疏花疏果技术、果实套袋技术。

⑦ 采后处理技术　采后的分级、包装增值等。

(3) “公司（协会）＋基地＋梨农”，实现规模化经营，把储藏保鲜和加工梨果业作为新的增长点，拉长产业链，推进梨产业化发展。

第二章 优良品种

第一节 我国栽培的梨分类

1. 秋子梨系统

果实多球形或扁圆形，果梗较短。主要分布在我国东北、华北和西北各省，主要代表品种有南果梨、小香水、京白梨、花盖梨等。

2. 白梨系统

果实多倒卵形或圆形，黄色或绿色，主要分布在华北、西北地区，辽宁和淮河流域也有少量栽培，是我国梨主要栽培种类。主要代表品种有鸭梨、雪花梨、慈梨、金花梨等。

3. 沙梨系统

目前我国生产上栽培的沙梨有中国沙梨和日韩沙梨两类。

中国沙梨果实多圆形或卵圆形，果皮多褐色，少数黄褐色。肉质硬脆多汁，石细胞较多，主要分布在长江流域以南及淮河流域一带，华北及东北也有少量栽培。主要代表品种有苍溪雪梨、紫酥梨、黄花梨等。

容易成花，短果枝结果多，并能连续结果，且幼树结果早，产量高，适合密植栽培。日韩沙梨类主要分布在日本和韩国。近十几年在我国黄河故道和长江中下游地区引种发展较多。主要代表品种有丰水、新高、黄金、圆黄等。

4. 新疆梨系统

果实卵圆形或倒卵圆形，果心大，石细胞多。主要分布在我国新疆和甘肃河西走廊一带。主要代表品种有兰州长把、秦安长把、黄酸梨等。

5. 西洋梨系统

果实多为瓢形，少数圆形，黄色或绿黄色；果实多需经后熟方可食用，石细胞少，常具芳香。多不耐储藏和运输。在我国栽培面积较小，主要代表品种有巴梨、康复伦斯、阿巴特等。

第二节 优良品种

一、早熟品种

1. 早魁（雪花×黄花）

河北省农林科学院石家庄果树研究所育成。果个大，平均单果重 258 克，最大为 500 克，椭圆形。绿黄色，成熟后金黄色；果皮薄，无锈斑，果点小而密。梗洼浅、狭，萼洼深度和广度中等，萼片脱落或宿存。果肉白，石细胞少，肉质较细，风味甜，具香气，品质上。在石家庄 8 月初成熟。

树势健壮，生长旺盛，萌芽率高，成枝力强。栽后 3 年结果，5 年生树平均每 667 米^2 产量可达 1500 千克，7～9 年生进入盛果期，平均每 667 米^2 产量 2650 千克。以短果枝结果为主。果台副梢结果能力中等。适宜在华北、西北、淮河及长江流域的大部分地区栽培。抗黑星病能力较强。

2. 华酥（早酥×八云）

中国农业科学院果树研究所育成。果个大，平均单果重 250 克，近圆形。黄绿色，果面光洁，无果锈，有蜡质光泽，果点小且稀，不明显。梗洼中深、中广，萼洼浅而广，有皱褶，萼片脱落，偶有宿存。肉质细，淡黄白色，石细胞少，果心小，酥脆多汁，品质上。在辽宁兴城 8 月上旬成熟。

树势中庸偏强，萌芽率高，成枝力中等。栽后 3 年可结果，6～7 年生树平均每 667 米^2 产量可达 2000～2500 千克。以短果枝结果为主，果台副梢连续结果能力中等。适应性强，耐高温、高湿，有较强的抗寒能力。高抗黑星病，兼抗果实木栓化、斑点病和腐烂病，且抗轮纹病能力较强。

3. 华金（早酥×早白）

中国农业科学院果树研究所育成。果个大，平均单果重 305 克，长圆形或卵圆形。果面绿黄色，光洁，有蜡质光泽，无果锈，果点中大、中密。梗洼浅而狭，萼洼中深、中广，有皱褶，萼片脱落。肉质细，黄白色，石细胞少，酥脆多汁。在辽宁兴城 8 月上、中旬成熟。

树势较强，萌芽率高，成枝力偏弱。栽后 3 年结果，6～7 年生树每 667 米^2 产量可达 2000～2500 千克。以短果枝结果为主，果台副梢连续结果能力中等。适应性强，耐高温、高湿，耐寒能力较强，适于在东北、华北、西北、华东、西南栽培。高抗黑星病，兼抗果实木栓化、斑点病和腐烂病。

4. 早酥（苹果梨×身不知）

中国农业科学院果树研究所育成。果个大，平均单果重 250 克，卵形或卵圆形。果面黄绿色或绿黄色，在山地或高原地区果实向阳面有红晕，有蜡质光泽，具棱状突起，无果锈，果点小、稀、不明显。梗洼浅且狭，有棱沟，萼洼中深、中广，萼片宿存。果肉白，肉质细、脆，石细胞少，汁液丰富，味甜或淡甜，品质上。在渤海湾地区 8 月上、中旬成熟，在兴城8 月中、下旬成熟。

树势强健，萌芽率高，成枝力中等偏弱。栽后 2～3 年结果，6～7 年生树平均每 667 米^2 产量可达 2000～2500 千克。以短果枝结果为主，果台副梢连续结果能力偏弱。适应性较强，对土壤条件要求不严格，既耐高温、高湿，又有较强的抗旱、抗寒能力。可在东北、华北、西北、华中、华东地区栽培。较抗黑星病和食心虫类为害，在有些内陆地区，果实易出现缺硼、缺钙生理性木栓化、斑点病，这些地区应进行土壤改良，合理施用钙肥和硼肥。

5. 金水酥（金水 1 号×兴隆麻梨）

湖北省农业科学院果树茶叶研究所育成。果个中大，平均果重 151.5 克，圆形或倒卵形。果面绿色，略具果锈，无光泽，果点中等大小、密集。梗洼中深、中广，萼洼浅且广，萼片宿存。果肉白，肉质细、松脆，石细胞少，汁液丰富，酸甜适口，风味浓，品质上。在武汉 7 月中旬成熟。

树势中庸，萌芽率中等，成枝力弱。栽后3年结果，6～7年生树平均每667米^{2}产量可达2000～2500千克。以短果枝结果为主，果台副梢结果能力较强。适应性一般。对梨蚜、红蜘蛛、梨木虱有较强的抗性。适于在鄂北、河南、皖北等地区栽培。

6. 新世纪（二十世纪×长十郎）

日本品种。果个大，平均单果重310克，最大重520克，近圆形。果面黄绿色，套袋后金黄色。果肉白，肉质细、脆，果心小，汁液多，味甜，微香。在菏泽8月上旬成熟，常温下可储15天，1～3℃条件下可储至春节。

树势中庸，树姿直立，萌芽率高，成枝力低。栽后2年结果，早果性强，丰产，生理落果和采前落果较轻，5年生树平均每667米^{2}产量可达2445千克。以短果枝结果为主，果台副梢连续结果能力弱。对土壤要求不严格，较抗黑星病。易受梨木虱为害。

7. 圆黄（早生赤×晚三吉）

韩国品种。果个大，平均单果重350克，最大1000克，扁圆形。果面黄褐色，无果锈，果点小且稀，光洁，套袋后金黄色。果肉白，肉质细、脆，几乎无石细胞，汁多，味甜，香味浓，品质极佳。在重庆7月上旬成熟，在胶东地区8月上、中旬成熟。

树势强健，树姿半开张。早果性强，丰产，以短果枝结果为主。花粉多，与多数品种亲和力强，也是良好的授粉品种。抗黑星病能力强，抗黑斑病和锈病能力中等，抗旱、抗寒、较耐盐碱。

8. 金星（栖霞大香水×河北麻梨）

中国农业科学院郑州果树研究所育成。果个中大，平均单果重220克，最大重480克，近圆形。果面浅黄绿色，光洁，果点密，稍突出。梗洼狭，萼洼中深，萼片脱落。果肉淡黄白色，肉质细脆、酥松，果心小，品质上。在郑州7月下旬至8月上旬成熟。

树势中庸强健，较开张。栽后2年开始结果，3年生树平均株产13.5千克，6年累计每667米^{2}产量9450千克。以短果枝结果为主，果台副梢连续结果能力强。适应性广，抗旱耐涝，耐瘠薄，抗寒抗风性强，适宜在黄淮海流域地区、西北地区栽培。高抗黑星病、腐烂病和锈病，椿象、蚜虫、梨木虱为害较少。

9. 紫巴梨（亲本不详）

山东省果树研究所从美国引入。果个中大，平均单果重200克，大者290克，粗颈葫芦形。果面紫红色，蜡质厚、光滑，有光泽，果点细小、中密、不明显。梗洼小而浅，萼洼浅、中广，多皱褶，萼片宿存。果肉黄白色，肉质细、硬脆，石细胞极少。在泰安7月下旬成熟。成熟的果实采后常温下4～5天后变软。

树势强健，幼树树姿直立，盛果期树开张，萌芽率高，成枝力强。高接树第2年结果，3年生株产8.7千克，4年生株产30.8千克，5年生株产66.3千克。以短果枝和短果枝群结果主，连续结果能力强，丰产、稳产。适应性强，较抗旱、抗寒，抗轮纹病、炭疽病及干枯病。

10. 红太阳

中国农业科学院郑州果树研究所育成。果个中大，平均单果重200克，最大重350克，卵圆形。果面鲜红。肉质细、脆，石细胞较少，果心小，汁多，香甜适口，品质上。在郑州7月底至8月上旬成熟。

树势中庸偏强，枝条较细弱，萌芽率高，成枝力较强。栽后3年结果，以短果枝结果为主，果台副梢抽生能力强，连续结果能力强。丰产、稳产，无采前落果现象。喜深厚肥沃的沙质壤土，在红黄酸性土壤及潮湿的草甸土、碱性土壤上亦能生长结果。抗旱、耐涝能力强，在黄河故道地区栽培品质好，着色艳，抗黑星病能力强。

11. 红考密斯

美国品种。果个中大，平均单果重220克，最大重350克，短葫芦形。果实全面紫红色，光滑，蜡质较多，有光泽、果点中大、明显。果梗基部膨大为肉质，梗洼浅或无，萼洼深而广，萼片宿存。果肉白，肉质细，经后熟柔软多汁，石细胞少，味甜，品质上。果实8月初成熟。

树势中庸偏强，半开张，萌芽率高，成枝力强。栽后3年结果，以短果枝结果为主，大小年现象不明显，丰产、稳产。适应能力较强，抗寒力中等。

12. 粉酪（考西亚×可雷亚戈）

意大利品种。果个大，平均单果重 325 克，最大重 500 克，葫芦形。果皮底色黄绿色，阳面 60%着鲜红色，果点小而密，光洁。萼片宿存，果梗粗短。果肉白，石细胞少，经后熟底色变黄，果肉细嫩多汁，味甜，香味浓，品质极上。在昌黎 7 月底成熟。

幼树长势较强，盛果期树势中庸。早果性和连续结果能力强，栽后 3 年结果，较丰产，大小年现象不明显。适应性强，抗黑星病和褐斑病，亦抗腐烂病，但耐寒能力较弱，对火疫病敏感。

二、中熟品种

1. 皇冠（雪花梨×新世纪）

河北省农林科学院石家庄果树研究所育成。果个大，平均单果重 278.5 克，最大重 500 克，椭圆形。果面绿黄色，套袋后乳黄色，果点小，无果锈，光洁。萼洼中深、中广，萼片脱落。果肉白，石细胞少，肉质细、松脆，汁液丰富，品质上。在河北中南部地区 8 月中旬成熟，在昌黎 8 月下旬成熟。

树势强健，树姿直立。早果性强，丰产，栽后 3 年结果，平均每 667 米^2 产量可达 1000 千克左右，4 年生树平均每 667 米^2 产量可达 2500 千克左右。以短果枝结果为主，果台副梢连续结果能力强。适应性广，可在华北、西北、淮河及长江流域的大部分地区栽培。高抗黑星病，亦抗炭疽病和黑斑病。

2. 八月红（早巴梨×早酥梨）

陕西省农业科学院果树研究所育成。果个大，平均单果重 262 克，最大重 400 克，卵圆形。果皮底色黄色，阳面 1/2 鲜红色，光洁，有蜡质光泽，略有果锈，果点小而密、不明显。梗洼浅、狭，萼洼中深，萼片宿存。果肉白，肉质细、脆，石细胞少，果心小，味甜，有香气，品质中上。杨陵 8 月中旬成熟。

树势强健，幼树直立，结果后开张，萌芽率高，成枝力中等。栽后 3 年结果，采前落果轻，丰产、稳产，6～7 年生树每 667 米^2 产量 2000～2500 千克。以短果枝结果为主，果台连续结果能力强。对土壤要求不严，适应性强，在滩地、平原、山坡地生长结果均好，抗旱、耐寒、耐瘠薄。抗黑星病、轮纹病和腐烂病，较抗锈病和黑斑病。

3. 冀蜜（雪花梨×黄花梨）

河北省农林科学院石家庄果树研究所育成。果个大，平均单果重 258 克，最大重 600 克，椭圆形。果面绿黄色，果点中大，光洁，有蜡质光泽。梗洼浅、窄，萼洼中深、中广，萼片脱落。果肉白，肉质较细、松脆，石细胞少，汁液多，味甜，品质极上。在石家庄 8 月下旬成熟。

树势较强，树姿较开张，萌芽率高，成枝力中等。栽后 2 年结果，无采前落果现象。以短果枝结果为主，果台副梢连续结果能力强。适应性广，适宜在黄淮大部分地区栽培。高抗黑星病，但在降水偏多的年份易发生褐斑病。

4. 丰水［(菊水×八云)×八云］

日本品种。果个大，单果重 300～350 克，近圆形。果面浅黄褐色，阳面微红，粗糙，有棱沟，果点大而密。梗洼中深、狭，萼洼中深、中广，萼片脱落。果肉白，石细胞少，果心小，肉质细、嫩、脆，汁多，味甜，品质上。在冀中南地区 8 月底至 9 月初成熟。

幼树生长旺，盛果期树中庸，树姿半开张，萌芽率高，成枝力低。结果早，丰产，3 年生树每 667 米^2 产量可达 1000 千克，6 年生树每 667 米^2 产量可达 1750 千克。以短果枝和短果枝群结果为主。适应性较强，在晋、冀、鲁、豫及湘、皖、江、浙等地均可栽培。抗黑星病、黑斑病，但成年树树干易感轮纹病，果实易受金龟子为害。

5. 西子绿［新世纪×(八云×抗青)］

浙江农业大学育成。果个大，平均单果重 240 克，最大重 350 克，近圆形或扁圆形。果面浅绿色，储放一段时间后变为金黄色，无锈，有蜡质，光洁。梗洼中深而陡，萼洼浅而缓，萼片脱落。果肉白，肉质细、嫩、脆，石细胞少，汁液丰富，味甜，有香气，品质极上。在杭州市 7 月中、下旬成熟。

树势中庸，树姿较开张，萌芽率高，成枝力中等。以短果枝结

果为主，每果台抽生 2 个副梢，连续结果能力中等。在多雨地区抗裂果能力强，较抗黑星病和锈病，梨茎蜂和蚜虫为害较轻。

6. 硕丰（苹果梨×砀山酥梨）

陕西省农业科学院果树研究所育成。果个大，平均单果重 250 克，近圆形。果面绿黄色，向阳面具红晕或近于全红，光洁、平滑，有蜡质光泽，果点小而密。梗洼中深或浅、狭，萼洼中深或较浅、中广，萼片宿存或脱落。果肉白，肉质细、松脆，石细胞少，果心小，汁液丰富，品质上。在太谷 9 月上旬成熟。

幼树树势强健，结果后中庸，萌芽率高，成枝力中等。栽后 3～4 年结果，5 年生树株产 20 千克，7 年生树株产 35 千克。以短果枝结果为主，果台连续结果能力中等。耐寒性强，适于在东北、华北、西北、江苏等地栽培。抗黑星病能力强，较抗腐烂病，抗白粉病和早期落叶病中等，但易受食心虫为害。

7. 红香酥（库尔勒香梨×鹅梨）

中国农业科学院郑州果树研究所育成。果个较大，平均单果重 220 克，纺锤形或长卵圆形。果面底色绿黄色，向阳面 2/3 有红晕，光洁平滑，有蜡质光泽，果点中大、较稀。梗洼浅、中广，萼端突起，萼洼浅而广，部分萼片宿存。果肉白，肉质细、酥脆，石细胞少，汁多，味甜，具芳香，品质上。在郑州 8 月底至 9 月初成熟。

树势中庸，树姿较开张，萌芽率高，成枝力中等。栽后 3 年结果，6～7 年生树每 667 米^2 产量可达 2000～2500 千克。以短果枝结果为主，果台连续结果能力强。采前落果轻。适应性较强，抗寒、抗旱能力强，耐涝性较强，适宜在华北、西北、黄河故道及渤海湾地区栽培。

8. 金二十世纪（二十世纪通过辐射诱变培育而成）

日本品种。果个大，平均单果重 300 克，最大重 500 克，扁圆形。果面绿黄色，储后变为金黄色，果点大而稀，较光滑。萼片脱落或宿存。果肉黄白色，肉质致密而脆，储后细软，石细胞少，果心中大，味甜，品质上。在冀中南 9 月上、中旬成熟。

幼树生长势强，结果后长势减弱，树姿半开张，萌芽率低，成枝弱。栽后2年结果，第3年每667米^{2}产量可达1500千克，盛果期每667米^{2}可达3000～3500千克。以短果枝结果为主，果台副梢连续结果能力强。

9. 红香蜜（库尔勒香梨×鹅梨）

中国农业科学院郑州果树研究所育成。果个较大，平均单果重235克，最大重670克，近纺锤形或倒卵圆形。果面底色黄绿色，阳面着鲜红色晕，光洁，无锈，果点较大。部分果实萼端具棱，有突起。果肉白，石细胞少，汁液多，味甜，浓香，品质上。在遵化8月下旬至9月上旬成熟。

幼树生长旺盛，盛果期树中庸，树姿开张，萌芽率低，成枝力中等。栽后2年结果，5～6年进入盛果期。以短果枝结果为主，果台抽生副梢能力中等，连续结果能力弱。采前落果轻，丰产、稳产。抗旱、抗寒、耐瘠薄，高抗黑星病、锈病和干腐病。

10. 巴梨

又名香蕉梨（河南）、秋洋梨（大连）。原产英国，系自然实生种。分布我国南北各省，主要分布在山东胶东半岛，辽宁旅顺、大连地区。果实较大，平均单果重250克。粗颈葫芦形，果面凹凸不平。黄色，阳面有红晕。果肉乳黄白色，经7～10天后熟，肉质柔软，易溶，汁多，味浓甜，有芳香，品质极上。8月末至9月上旬成熟，不耐储藏。

栽植后2～5年结果，丰产稳产。以短果枝和短果枝群结果，中、长果枝结果较少，腋花芽也能结果。一般果枝可连续结果5～6年。适应性较广，喜温暖气候及沙壤土，在冲积土上生育良好，也能适应山地及黏重黄土。抗寒力弱，仅耐－20℃低温，－25℃时冻害严重。抗病力弱。

11. 酥梨

又名砀山酥梨、砀山梨。原产安徽砀山，分布于华北、西北、黄河故道地区。以白皮酥、金盖酥较好。果实大，平均单果重270克。近圆柱形。黄绿色，储存后黄色。果皮光滑，果点小而密。果肉白色，肉稍粗，但酥脆爽口，汁多味甜，有香气。果心小，品质上。9月上旬成熟，稍耐储藏。

栽后3～4年结果，较丰产、稳产，株产可达500千克。以短果枝结果为主，中、长果枝及腋花芽结果少。果台可抽生1～2个副梢，很少形成短果枝群，连续结果能力弱，结果部位易外移。较抗寒，适于较冷凉地区栽培，抗旱、耐涝性也较强，抗腐烂病、黑星病较弱，受食心虫和黄粉虫为害较重。

三、晚熟品种

1. 金花4号（金川雪梨自然实生）

原产于四川省金川县沙耳乡。果个大，平均单果重378.5克，长卵圆形或椭圆形。果面黄色，光洁，平滑，有蜡质光泽，无果锈，果点中大。梗洼中深、狭，周围有少量条锈，萼洼中深、中广，有沟棱。果肉白，肉质强、松脆，石细胞少，果心小，味甜，品质上。在兴城10月中旬成熟，耐储。

树势强健，幼树树姿直立，结果后开张，萌芽率高，成枝力较弱。栽后3年结果，6～7年生树平均每667米^{2}产量为2000～2500千克。以短果枝结果为主，果台副梢连续结果能力较强，采前落果轻。适应性广，既耐高温、高湿，抗寒、抗旱能力又较强，适于在东北、华北、西北、华东、西南等地区栽培。抗黑星病、叶斑病、心腐病、轮纹病能力较强，但对锈病、蚜虫、梨木虱抗性较弱。

2. 库尔勒香梨

原产新疆库尔勒地区，已有百年的栽培历史。果个中等大小，平均单果重100克左右，纺锤形或倒卵圆形。果面底色绿黄，阳面有暗红色晕，在冀中南表现为淡红色，光滑，果点小、密。梗洼浅、狭，萼洼深、中广，萼片脱落或宿存。果肉白，石细胞少，肉质细、松脆，靠果心处肉质较粗，汁多，品质上或极上。在郑州9月上、中旬成熟，耐储。

树势强健，树姿较开张，萌芽率高，成枝力强。栽后3年结果，7年进入丰产期，经济寿命长，在库尔勒地区100余年仍生长健壮，结果良好。以短果枝结果为主，各类果枝和腋花芽结果能力均强。管理粗放，有大小年结果现象。适应性广，对土壤要求不严，在陕西、山西、辽宁、河南等地栽培表现良好。抗旱、抗寒力较强，较抗黑心病，食心虫为害较轻，但抗风力差，易因风引起采前落果。

3. 晋蜜（砀山酥梨×猪嘴梨）

山西省农业科学院果树研究所育成。果个大，平均单果重 210 克，最大重 480 克，卵圆形至椭圆形。果面绿黄色，储后金黄色，光洁，具蜡质，果点小、密，肩处果点较大、稀。梗洼中深、中广，有的肩部一侧有小突起，萼片宿存者萼洼中大、较浅，萼片脱落者萼洼较深、广。果肉白，果心小，肉质细、脆，汁多，味甜，具香气，品质上。在晋中地区 9 月底成熟。耐储，储期病害极少。

幼树树势强，树姿较直立，大量结果后树势中庸，萌芽率高，成枝力中等。栽后 4 年结果，5 年生树平均株产 40～50 千克。以短果枝结果为主，果台副梢连续结果能力强，采前落果轻，大小年现象不明显。抗风性强，较抗旱，抗寒力一般，适于北方梨区栽培。较抗黑星病，多雨年份有白粉病，果实成熟期和储期有轮纹病发生，高温、高光条件下幼树枝条有日灼现象。

4. 茌梨（又名慈梨、莱阳慈梨）

原产山东省茌平、莱阳，是栽培历史悠久的优良品种之一。果个较大，单果重 220～280 克，近纺锤形，不端正。果面黄绿色，套袋后淡黄色，储存后黄色，果点大、密，木栓化突出，粗糙。果肉白，石细胞少，肉质细、脆，汁多，味甜，有微香，品质上。在原产地 9 月中、下旬成熟，较耐储。

树势健壮，树姿较开张，萌芽率较高，成枝力中等。栽后 4～5 年结果，以短果枝结果为主，果台副梢连续结果能力中等，有一定的白花结实能力，丰产。适应性广，较抗旱、抗寒，抗风能力强，但易感黑星病、轮纹病及黄粉蚜，也易受晚霜的危害。

5. 黄金梨（新高×二十世纪）

韩国品种。果个大，平均单果重 350 克，最大重 500 克，椭圆形或近圆形。果面黄绿色，有果锈，储后金黄色，套袋后黄白色，果点小、均匀。萼片脱落或宿存。果肉白，肉质细、脆，石细胞

少，果心小，汁多，味甜，有清香，品质上。在冀中南 9 月中旬成熟，在甘肃平凉 9 月中、下旬成熟。

幼树生长势较强，树姿较开张，萌芽率低，成枝力弱。栽后 3 年结果，每 667 米^2 产量 1000 千克，4 年生树每 667 米^2 产量 2500 千克。以短果枝结果为主，果台副梢连续结果能力强。但花粉量少。在胶东半岛、北京、河北、河南、安徽有一定面积发展。对肥水要求较高，喜沙壤土，抗黑星病能力较强，但生产上应解决果锈和储藏问题。

6. 鸭梨

原产河北，是我国古老的优良品种之一。果个中等，单果重 150～200 克，倒卵圆形，果梗弯向一方、基部肉质，果肉呈鸭头状突起。果面绿黄色，储后黄色，近梗部有锈斑，微有蜡质，果点中大、稀。几乎无梗洼，萼洼深、广，萼片脱落。果肉白，肉质细、脆，石细胞少，果心小，汁多，酸甜适中，有香气，品质上。在冀中南 9 月中旬成熟。自然条件下可储至翌年 2～3 月份。

幼树生长旺，大树生长势弱，树姿开张，萌芽率高，成枝力弱。栽后 3～4 年结果，第 7～8 年进入盛果期。以短果枝结果为主，果台连续结果能力强。适应性强，抗旱性强，抗寒力中等，适宜在干燥冷凉地区栽培。除河北省中、南部产区外，河南、山东、辽宁、山西、陕西、北京和天津也大面积栽培。抗黑心病能力强，受食心虫危害较重。

7. 雪花梨

原产河北中、南部，以河北赵县栽培最多。果实大，平均单果重 300 克，最大重 530 克，长卵圆形或长椭圆形。果面绿黄色，储后鲜黄色，果点褐色、较大而密，果面稍粗糙，有蜡质。梗洼深度、广度中等，萼洼深、广，萼片脱落。果肉白，肉质稍粗，脆而多汁，石细胞较少，果心小，味甜，有微香，品质上。在原产地 9 月上、中旬成熟。冷藏条件下可储至翌年 2～3 月份。

幼树生长缓慢，树势中庸，萌芽率高，成枝力中等。栽后 3～4 年结果，较丰产。以短果枝结果为主，果台发枝力弱，连续结果能力差。短果枝寿命较短，结果部位易外移。抗旱能力强，抗寒能力中等，喜肥沃深厚的沙壤土，肥水不足易早衰。在陕西、山西、山东、河南等均有栽培。较抗轮纹病，但黑星病为害较严重，抗风力差。

8. 新高梨（天之川×今村秋）

日本品种。果个大，平均单果重300克，扁圆形。果面褐色，果点中大、密，果面较光滑。萼片脱落。果肉白，中等粗细，肉质松脆，石细胞少，汁多，味甜，品质上。在冀中南地区9月下旬至10月上旬成熟。

树势强健，树姿直立，树冠较大，萌芽率高，成枝稍弱，以短果枝结果为主，丰产，果台连续结果能力较差。抗旱、抗寒性较强，在河北、河南、山东、山西及浙江、江苏等地均可栽培。但不抗黑星病，易受鸟和金龟子为害。

9. 爱宕梨（二十世纪×今村秋）

日本品种。果个大，平均单果重450克，最大重900克，扁圆形。果面黄褐色，果点中大、密，较光滑。梗洼狭、深，萼洼深、广，萼片脱落。果肉白，肉质细、脆，汁多，石细胞少，果心中大。在冀中南10月中旬成熟。

树势较强，树姿半开张，萌芽率高，成枝力中等。栽后第2年结果，6年生树每667米^{2}产量可达4000～5000千克。以短果枝结果为主，果台连续结果能力中等。在黄河流域和长江流域的大部分地区均可正常生长结果，但耐高温能力较差。抗黑星病、黑斑病能力较强，梨木虱为害较轻，但幼树易发生蚜虫，低洼地或春季雨量多的年份易感赤星病。

10. 美人酥（幸水×火把梨）

中国农业科学院郑州果树研究所与新西兰皇家园艺与食品研究所共同培育而成。果个大，平均单果重260克，最大重500克，卵圆形或圆形。果柄基部肉质化。果皮底色黄绿色，阳面淡红色，光滑。果肉白，肉质细、松脆，石细胞极少，果心小，汁多，味酸甜适口，品质上。在商丘9月上中旬成熟。常温下可储藏25天左右。

树势中庸，树姿半开张，萌芽率高，成枝力较强。栽后3年结果，株产可达7.5千克，高接树第3年、第4年株产分别可达53.5

千克和198.1千克。以短果枝结果为主，果台副梢多为短枝，连续结果能力较强。抗旱，较耐寒、耐盐碱。在河南、甘肃、辽宁均有栽培。高抗黑星病和梨木虱，但易感轮纹病，叶片微有黑斑病或灰斑病。

11. 红酥脆（幸水×火把梨）

中国农业科学院郑州果树研究所与新西兰皇家园艺与食品研究所共同培育而成。果个大，平均单果重260克，最大重800克，近圆形或圆形。果皮底色浅绿黄色，阳面着鲜红色晕，光滑，果点大、稀，随着着色的加深，果点渐不明显。梗洼浅、狭，萼洼深、狭，萼片脱落。果肉白，肉质细、脆，石细胞极少，果心小，汁多，味酸甜适中，有香味，品质上。在商丘9月上、中旬成熟。

树势较强，树姿直立，萌芽率高，成枝力中等。栽后3年结果，易丰产。抗旱，较耐寒、耐盐碱。在河南、河北、陕西、山西、甘肃、辽宁均有栽培。高抗黑星病、锈病和干腐病，梨木虱、蚜虫为害较少，但易感轮纹病，叶片微有黑斑病或灰斑病。

第三节 品种选择

一、品种选择的依据

1. 适应性和抗逆性

不同品种的适应性和抗逆性有较大差异，如秋子梨和白梨系统的品种喜干燥冷凉的气候，抗寒和耐旱能力较强；沙梨喜温暖湿润气候，抗寒力弱，对水分要求较高；西洋梨喜夏季干燥气候，抗寒力较弱，而耐旱性较强。白梨系统中的鸭梨、茌梨，秋子梨系统中的京白梨等品种，在北方为优质丰产品种，而在江苏、浙江、福建、江西等温暖湿润地区，则产量、品质和生长势均较差。某些品种，对温度有较宽的适应性，如早酥、砀山酥、明月、菊水等品种，应根据当地的环境条件特点选择适宜的品种。

2. 果实品质

我国消费者多喜欢肉质细嫩、酥脆多汁、甜而微酸适口、略带清香风味的品种，如鸭梨、酥梨、茌梨、锦丰、雪花梨、苹果梨等。在选择品种时，应考虑到市场需要，选择优质品种建园。

3．丰产性

在选择品种时也应考虑丰产性能。生产实践表明，鸭梨、早酥、皇冠、丰水、幸水、晚三吉、矮香等品种丰产性能好，一般3年开始结果，5年丰产并能连年丰产。

4．果实商品性

选择品种时要特别注意品种的商品性能。我国每年大量出口的鸭梨、库尔勒香梨、黄县长把梨、酥梨以及雪花梨、早酥梨、秋白梨等，都是商品性能好、驰名中外的名牌品种。

此外，选择晚熟和中晚熟品种时，还应注意果实的耐藏性，尽量选择耐储藏的品种。

二、梨品种选择注意事项

1．不要盲目选用品种，片面求新

要考虑本地区的气候条件和管理水平，不要轻信广告宣传，盲目选用品种会导致果品质量差、售价低，易发生抽条或冻害等。

也不要片面求新，以为只要是新品种，就会有好效益。新品种大多没有经过大面积的栽培试验，适应性、抗逆性、丰产稳产性和消费者喜好程度不太明确，贸然引进该品种和大面积栽培，可能会带来损失。

2．品种比例的确定

应均衡考虑果品的成熟时期，避免因晚熟品种耐储运、品质好而过多地发展，造成供过于求，售价降低；也不要只考虑主栽品种而忽视授粉树的配置，否则很难达到高产、优质。

第三章　生长结果习性

果树的生长结果习性包括根系、芽、枝、叶、开花、结果、果树的发育等特性。按照果树的生长结果习性，进行科学的管理，是果树丰产、高效的基础。

第一节　根的特性

根系是梨树赖以生存的基础，是果树的重要地下器官。根系的数量、粗度、质量、分布深浅、活动能力强弱，直接影响梨树地上部的枝条生长、叶片大小、花芽分化、坐果、产量和品质。土壤的改良、松土、施肥、灌水等重要果树管理措施，都是为了给根系生长发育创造良好的条件，以增强根系生长和代谢活动，调节树体上下部平衡，协调生长，从而实现梨树丰产、优质、高效的生产目的。

梨树多采用嫁接栽培，梨栽培品种苗木，其砧木为实生苗，根系为实生根系。

一、根系的功能

根是梨树重要的营养器官，根系发育的好坏对地上部生长结果有重要影响。

根系有固定、吸收、储藏、合成、输导、繁殖 6 大功能。

1．固定

根系深入地下，既有水平分布又有垂直分布，具有固定树体、抗倒伏的作用。

2．吸收

根系能吸收土壤中的水分和许多矿物质元素。

3. 储藏

根系具有储藏营养的功能，梨树第二年春季萌芽、展叶、开花、坐果、新梢生长等所需要的营养物质，都是由上一年秋季落叶前，叶片制造的营养物质，通过树体的韧皮部向下输送到根系内储藏起来，供应树体地上部第二年开始生长时利用的。

4. 合成

根系是合成多种有机化合物的场所，根毛从土壤中吸收到的铵盐、硝酸盐，在根内转化为氨基酸、酰胺等，然后运往地上部，供各个器官（花、果、叶等）正常生长发育的需要。根还能合成某些特殊物质，如激素（细胞分裂素，生长素）和其他生理活性物质，对地上部生长起调节作用。

5. 输导

根系吸收的水分和矿物质营养元素需通过输导根的作用，运输到地上部供应各器官的生长和发育需要。

6. 繁殖

根有萌蘖更新、形成新的独立植株的能力。

二、果树根系的结构

梨树的根系由主根、侧根和须根组成（图 3-1）。无性繁殖的植株无主根。

1. 主根

主根由种子胚根发育而成。种子萌发时，胚根最先突破种皮，向下生长而形成的根就是主根。主根生长很快，一般垂直插入土壤，成为早期吸收水肥和固着的器官。

2. 侧根

侧根是在主根上面着生的各级较粗大的水平分枝。侧根与主根有一定角度，沿地表方向生长。侧根与主根共同承担固着、吸收及储藏等功能。主根和侧根统称骨干根。

3. 须根

须根是在侧根上形成的较细（一般直径小于 2.5 毫米）的根

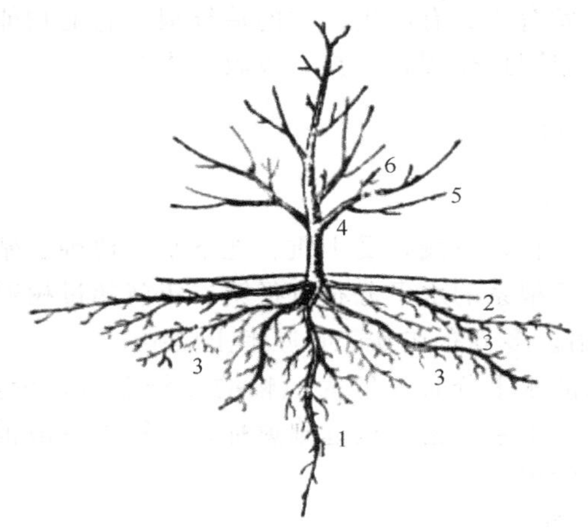

图 3-1 果树树体结构图

1—主根；2—侧根；3—须根；4—主枝；5—侧枝；6—枝组

系。须根的先端为根毛，是直接从土壤中吸收水分和养分的器官。须根是根系最活跃的部位。

须根按形态结构及功能分为四类。

（1）生长根　在根系生长期间，须根上长出许多比着生部位还粗的白色、饱满的小根为生长根。生长根的功能是促进根系向新土层推进，延长和扩大根系分布范围及形成侧分枝——吸收根。

（2）吸收根　比着生的须根细的是吸收根。其长度小于 2 厘米，寿命短，一般只有 15～25 天，在未形成次生组织之前就已死亡。

吸收根的功能是从土壤中吸收水分和矿物质，并将其转化为有机物。在根系生长最好时期，数目可占植株根系的 90%或更多。吸收根的多少与果树营养状况关系极为密切。

吸收根在生长后期由白色转为浅灰色成为过渡根，而后经一定时间自疏而死亡。

（3）过渡根　主要由吸收根转化而来，其部分可转变成输导根，部分随生长发育死亡。

（4）输导根　生长根经过一定时间生长后颜色转深，变为过渡根，再进一步发育成具有次生结构的输导根。它的功能是输导水分和营养物质，起固地作用，还具有吸收能力。

三、根系的分布

1. 水平分布

根系水平生长，较浅，受土质、地下水、树种、砧木的影响。

一般定植后根系的水平分布直径第二年就超过树冠，成年时为树冠的3～5倍。多分布在0～50厘米土层中。

梨树根系的水平分布一般为冠幅的2倍左右，少数可达4～5倍。愈近主干，根系愈密，愈远则愈稀，树冠外一般根渐少，并多为细长少分叉的根。

2. 垂直分布

向下生长的根，主要来源于水平根的向下分枝。入土深度取决于砧木、繁殖方式（实生或无性根）、土层厚度、地下水高低、土质。

梨树的根系较深，成层分布，但第二层常少而软弱。梨树根系一般多分布于肥沃、疏松、水分良好的上层土中，以20～60厘米最密，80厘米以下根很少，到150厘米根更少。

四、影响根系生长的因子

1. 地上部有机养分的供应

根系的生长是以叶片光合作用制造的碳水化合物作为原料，且根系的生长需消耗能量，而能量是靠呼吸作用分解碳水化合物而产生，所以结果过多或早期落叶造成碳水化合物供应不足，根系的生长就会受抑制；同时根系的生长加粗，细胞的分生、伸长、扩大需要激素的催化和启动，这些激素主要来自茎尖和幼叶。叶片制造的养分及茎尖、幼叶合成的激素向根系的回流是影响根系生长的主要因素。

2. 土壤温度

春季土壤温度达0.5℃时根系开始活动，7～8℃时根系开始加快生长，最适温度13～27℃。温度升高达30℃时，根系生长逐渐

减缓、停止，超过35℃会引起根系死亡。不同的砧木对温度的要求也有差异，一般杜梨要求温度较低，沙梨、豆梨要求较高。

3. 土壤水分

最适宜根系生长的土壤含水量是田间最大持水量的60%～80%，当土壤含水量降到最大持水量的40%左右时，根系生长完全停止。

严重干旱时，地上部不仅表现出缺水的症状，还表现出各种不同的缺素症。但轻微干旱，改善了土壤的透气性，抑制了地上部的生长，用于根系生长发育的碳水化合物明显增多，反而有利于根系的生长。当水分过多时，土壤的透气性差，根系的呼吸作用停止，常使树体上部表现出缺水的症状；或引起枝叶旺长，难以形成花芽；使土壤可溶性养分随水渗漏流失，造成土壤贫瘠。保证合理的水分供应对保证各种施肥措施充分发挥作用至关重要。

4. 土壤透气性

根系的呼吸需消耗土壤中的氧气，在土壤黏重、板结或涝洼地的果园，土壤中的氧气会限制根系生长。当土壤空气中的氧气达到15%时，新根生长旺盛，到10%时，根系活动正常，到5%时生长缓慢，到3%时则生长停止。

5. 土壤养分

土壤养分的含量影响根系的分布状态。土壤养分越富集，根系分布越集中，否则根系疏散走得远。在肥水投入有保证的情况下，通过集中施肥，适当减少根系的分布范围，形成相对集中但密度大活性强的根系，可减少因根系建造而消耗的光合产物，有利于果实的丰产优质。

6. 土壤微生物

土壤微生物和梨树根系的吸收活动关系密切。当土壤中条件适宜时，通过有益微生物的活动，将土壤中的高分子有机物质、被土壤固定的矿物质分解释放成根系能够吸收的有效成分。

7. 土壤含盐量

土壤含盐量超过0.2%时，新根的生长即受到抑制，超过0.3%时，根系受伤害。

8. 土壤 pH 值（酸碱度）

土壤 pH 值主要通过影响土壤养分的有效性和微生物活动来影响根系的生长和吸收活动，其作用是间接的。例如，在 pH 值超过 7.5 的碱性土壤上常发生缺铁黄叶现象，并不是铁元素缺乏，而是因为 pH 值高，铁成为不可利用状态，此时土壤施铁，收效甚微。如果将土壤 pH 值调整到 7 左右时，铁元素就可转化为可利用状态，缺铁失绿症也就减轻或消失；当 pH 值为 6.5 左右时，硝化细菌活动旺盛，能为树体提供较多的硝态氮素。

在施肥、土壤改良、水分供应方面，要综合考虑影响根系生长的各种因素，注意各种条件的同步效应。

五、根系的年生长动态

果树的根系没有自然休眠期。只要外界环境条件合适，一年四季都能生长。梨树根系生长一般每年有 2 次高峰。新梢停止生长后，根系生长最快，是第 1 次生长高峰。果实采收后出现第 2 次高峰。

梨树的根系在定植后的头 2 年，主根发育较快，经 4～5 年可达到最大垂直深度，此后侧根生长发育加快，范围扩大，粗度逐渐超过主根，树龄达 15 年后，侧根延伸减慢，逐渐停止。

梨树根系的生长发育和地上部呈密切的相关性。当主根发达，侧根、须根少时树体生长旺盛，分枝少；当主根生长变弱，侧根、须根数量增多时，地上部生长势缓和，枝量增加。生产上可采取相应的管理措施以实现地上、地下生长的协调一致性。

第二节　芽、叶、枝的特性

一、芽的特性

果树的芽是叶、枝或花的原始体，是枝或花在形成过程中的临时性器官。

梨芽按性质分为花芽、叶芽、副芽和潜伏芽。

(1) 花芽 梨的花芽为混合花芽，一个花芽形成一个花序，由多个花朵构成。大部分花芽为顶生，初结果幼树和高接树易形成一些侧生的腋花芽。一般顶生花芽质量高，所结果实品质好。

(2) 叶芽 梨树的生长发育和更新复壮，都是从叶芽开始。通过叶芽的发育，实现营养生长向生殖生长的转化，以芽的形式度过冬季不良环境。梨枝的类型、枝的质量、枝条上叶的数量的多少、叶的大小及质量等都与叶芽的分化和生长发育有关。

① 叶芽的种类 叶芽分为顶芽和腋芽。

a. 顶芽着生于枝条顶端，芽大且圆，短枝上的顶芽饱满，随着枝条长度的增加，顶芽的饱满程度降低。

同一枝条上不同节位芽的饱满程度、萌发力、生长势有明显差异。枝条基部的芽质量较差，叶片较小，主要由于新生枝条基部芽原基发育时间短，营养不足所致。随着枝条的生长，气温逐渐升高，叶面积增大，光合作用增强，营养供应充足，使枝条中部芽最饱满，质量最高。中部以上各节的芽原基发育时期气温偏高，发育期过短，营养供应减少，使芽的质量逐渐变差。顶芽和腋芽翌年春大多都能萌发。

b. 腋芽萌发后，在枝条基部形成很小的芽，一般不萌发，只有在受到强刺激时才萌发，称为隐芽。

② 叶芽的特性 梨树叶芽萌发力较强，成枝力较弱，但品种间差异较大。白梨系统各品种芽的萌发力和成枝力中等；秋子梨系统各品种芽的萌发力强，成枝力弱；沙梨系统的日本梨萌发力强，但成枝力极低；西洋梨系统各品种大多萌发力强，成枝力中等。叶芽的再生力和早熟性差，芽形成当年不能萌发。梨树隐芽的潜伏力很强，寿命长，对梨树枝条或树冠的更新起着重要作用。

③ 叶芽分化的全过程分四个时期。

第 1 时期，春季叶芽萌动后，随着幼茎节间的伸长自下而上逐节形成腋芽原基。后芽原基由外向内分化鳞片原基并生长发育为鳞片。这一时期随着叶片生长的停止而停止。

第 2 时期，经夏季高温后开始。在形成鳞片的基础上开始分化叶原基，并生长成幼叶，一般分化叶原基3～7片，到冬季休眠时暂停。

第3时期，营养条件较好的芽在春季萌芽前进行，继续分化叶原基。该期内短梢可增加1～3片叶，中长梢可增加3～10片叶。冬季通过修剪、肥水等管理，改善树体的营养状况可促使更多的叶芽进入第3期分化，增加枝叶量。

第4时期，此次分化是在芽外进行的，所以称芽外分化。着生位置优越，营养充足，生长势强的芽，萌发以后，先端生长点仍继续分化新的叶原基，一直到6～7月间，新梢停止生长以后才开始下一代顶芽分化的第1时期。芽外分化形成的多是强旺的新梢或徒长枝。

叶芽的发育程度与树体的营养状况、环境条件关系密切，采用适宜的施肥技术、修剪方式等可促进芽的发育，提高芽的质量，改变芽的性质。

(3) 副芽　着生在枝条基部的侧方。在梨树腋芽鳞片形成初期最早发生的两片鳞片的基部，存在着潜伏性薄壁组织。腋芽萌发时，该薄壁组织进行分裂，逐渐发育为枝条基部副芽（也属于叶芽），因其体积很小，不易看到。该芽通常不萌发，受到刺激则会抽生枝条，故副芽有利于树冠更新。

(4) 潜伏芽　多着生在枝条的基部，一般不萌发。梨潜伏芽的寿命可长达十几年，甚至几十年，有利于树体更新。

二、枝的特性

枝及由它长成的各级骨干枝构成树冠。枝上长叶，是结果的重要部位，并运输营养。根系吸收的水分和矿物质，通过枝的木质部导管运送到叶片，叶片制造的有机营养，通过枝的韧皮部运输到全树各个部位，以满足梨树生长结果的需要。枝条还有一定的吸收功能。生产上常利用枝条的吸收功能进行根外追肥。

1. 枝的类型

(1) 按生长年龄　有1年生枝、2年生枝、多年生枝。

(2) 按性质　有结果枝（着生花芽，萌发后开花结果的枝）、

营养枝（只着生叶芽，只长叶不开花的枝）。

（3）按连续抽梢的次数　有一次枝（1年只抽生1次）、二次枝（着生在一次枝上的分枝）、三次枝（着生在二次枝上的分枝）等。

（4）按枝的长短（核果类）　有花束状短枝（0～5厘米）、短果枝（5～15厘米）、中果枝（15～30厘米）、长果枝（30～60厘米）、发育枝（60厘米以上）。

2. 枝的生长特性

枝的生长分加长生长和加粗生长两种方式。

（1）新梢的加长生长　新梢的加长生长是由顶端分生组织细胞分裂和细胞伸长实现的。除幼树、旺树、旺枝或其他特殊原因（病虫、旱、涝等引起的落叶，以及热带气候条件等）外，梨树的新梢1年只有一次生长，一般很少发生二次生长。在河北省中南部梨区，鸭梨新梢从4月中旬前后开始生长，短梢通常在4月下旬停止生长，中梢在5月中旬停止生长，成龄树长梢多在5月底或6月初停止生长。幼龄树生长旺，停止生长晚，但长梢最迟也在6月下旬停止生长。在生长期内，长梢有2～3个生长高峰，分别为冬前雏梢、冬后雏梢和芽外雏梢生长期，中梢有1～2个生长高峰，而短梢仅有1个高峰。

梨树的萌芽力高，成枝力低，在枝条上除先端数个芽可萌发抽生长梢外，其余的芽多萌发形成中、短梢。长度在5厘米以下的称为短梢（枝），20厘米以上的称为长梢（枝），5～20厘米的称为中梢（枝）。长梢生长期多在60天，中梢约为40天，短梢仅有数天至20天。

（2）新梢的加粗生长　新梢的加粗生长是形成层细胞分裂分化的结果。梨树的中、短梢加粗生长基本上与加长生长同时进行，但比加长生长停止得晚。长梢的加粗生长与加长生长是交替进行的。多年生枝的加粗生长在树体内有光合产物积累时进行，枝龄愈大、枝干愈粗，增粗愈迟。

在年周期中，新梢的生长量标志着树体的健壮程度，是高产、稳产的形态指标。连年丰产、稳产的鸭梨盛果期树，树冠外围中、下部新梢生长长度为40厘米左右，新梢中部粗度在0.5厘米以上。

（3）大枝及主干的增粗　大枝及主干的增粗也是形成层分生活动的结果。形成层细胞的分裂活动受生长素、赤霉素和营养物质的共同调节，所以大枝和主干的增粗活动以6～8月较为旺盛，此后变缓，到10月下旬趋于停止。

3. 影响枝生长的因素

影响枝生长的因素有品种、砧木、有机养分、内源激素、环境。

（1）顶端优势　活跃的顶端分生组织抑制侧芽萌发或生长的现象。

（2）垂直优势　直立枝生长旺，水平枝生长弱。

（3）树冠的层性　主枝在树干上分层排列的自然现象，是芽的异质性造成的，与整形有关。

梨树萌芽力强，成枝力弱，先端优势强。在一枝上一般可抽生1～4个长梢，其余均为中短梢，因中心干每年都是上部数芽发枝，所以层性明显。一些成枝力弱的品种，在自然情况下即形成疏层形树冠。同一枝上同年发生的新梢，单枝生长势力差异较大，竞争枝很少。同时因顶生枝特强，常形成枝的单轴延伸。因此梨树树冠中常见无侧枝的大枝较多，而树冠稀疏。

4. 梨树的枝

（1）梨树的枝条　梨树的枝条按生长、结果的性质又可分为营养枝和结果枝。

① 营养枝　是不结果的发育枝，依枝龄可分为新梢、1年生枝和多年生枝。

a. 新梢　春季叶芽萌发至落叶以前称为新梢。

b. 1年生枝　新梢落叶后至第2年萌发前称为1年生枝。

c. 2年生枝　1年生枝萌发以后至下年萌发前称为2年生枝。

d. 多年生枝　2年生以上的枝称为多年生枝。

1年生枝按枝条长度可分为长枝（20厘米以上）、中枝（15～20厘米）、短枝（15厘米以下）。

梨树枝条上的芽，除先端数芽可萌发抽成长枝以外，其余的芽

多数萌发成中、短枝。芽质好，加上水分、养分、气候条件适宜则有利于新梢伸长。

② 结果枝　枝上着生花芽，能开花结果的枝为结果枝。按长度可划分为长果枝、中果枝和短果枝，15 厘米以上的为长果枝，5～15 厘米为中果枝，5 厘米以下的为短果枝。结果枝结果后留下的膨大部分为果台，果台上的侧生分枝称为果台副梢或果台枝。短果枝结果后，果台连续分生较短的果台枝，经过几年以后，许多短果枝聚生成群，成为短果枝群，即通常所说的“鸡爪枝”和“姜形枝”。

（2）梨树幼树枝条常直立，树冠多呈紧密圆锥形，以后随结果增多，逐渐开张成圆头形或自然半圆形。鸭梨枝条长软而弯曲，小树树冠呈乱头形，大树时为自然半圆形。

梨树多中短枝，极易形成花芽，一般情况下梨树均可适期结果。只有因短截过重生长过旺的树，或受旱涝、病虫为害，管理粗放、生长过弱的树，才推迟结果。如加强管理，树势健壮，开张角度，轻剪长放，即可提早结果。枝长放后，枝逐年延伸而生长势转缓，因而枝上盲节相对增多。处在后部位置的中短枝常因营养不良，甚至枯死，形成缺枝脱节现象和树冠内膛过早光秃。梨树隐芽多而寿命长，在枝条衰老或受损以及受到某种刺激后，可萌发抽枝，以利用树冠更新和复壮。

三、叶的特性

1. 叶片的功能和作用

叶片是进行光合作用制造有机养分的主要器官，同时叶片还具有蒸腾降温、合成激素、吸收营养及呼吸作用。

（1）光合作用　在叶片内的叶绿体中进行，叶片吸收水分和二氧化碳，在太阳光作为能源的条件下合成单糖（葡萄糖）同时释放出氧气。

（2）蒸腾降温　叶片在环境温度过高或强太阳光照射的情况下，会通过叶片把水分由液态变成气态蒸发出去，同时带走大量热量，给地上部各个器官降温，防止由于温度过高造成各地上器官灼伤，又叫“日烧”。因此干旱和高温、强光天气，应及时进行果园浇水，通过叶片蒸发水分给树体降温。

（3）合成激素 春季梨树幼嫩叶片合成生长素，促使新梢迅速加长和加粗生长；秋季温度逐渐降低，此时地下土壤中的水分已经逐渐变成固态，不能被根系吸收，此时老龄叶片合成产生乙烯和脱落酸，促使叶片变黄脱落，起到防治水分通过叶片蒸发造成树体缺水的保护作用。如果秋末冬初叶片不能及时脱落，会造成水分的大量蒸发消耗，造成新梢枝条脱水干枯现象发生，栽培上把这种现象叫“抽条”。

（4）吸收作用 叶片上分布有大量的气孔，具有直接吸收营养的作用，在树体急需营养时期或没有灌溉条件的果园，可以通过叶片喷肥的方法及时补充营养，吸收快，效果好。但一定要掌握好喷施浓度为0.3%左右，以免发生肥害。

（5）呼吸作用 叶片是具有生活力的组织，通过呼吸作用进行一系列的代谢活动，产生营养物质，供应自身生长和果实发育的需求。

叶片是进行光合作用制造有机养分的主要器官，也是呼吸作用和蒸腾作用的主要场所，同时还是重要的合成（茎尖和幼叶合成细胞分裂素、赤霉素等）和吸收（通过气孔吸收水分和养分）器官。

2. 叶幕与叶面积指数

（1）叶幕 树冠内集中分布并形成一定形状和体积的叶片群。合适的叶幕层和密度，使树冠内的叶量适中，分布均匀，充分利用光能，有利于优质高产；叶幕过厚，造成通风透光困难，影响品质，过薄则体积小，光能利用率低，产量低。

（2）叶面积指数 即树冠内叶面积与其所占土地面积之比，反映了单位面积上的叶密度，一般3.5左右最适宜。低了则浪费光能，产量下降，高了则造成郁闭，果实品质下降。矮化和密植很好地解决了这一问题。

3. 叶片的生长发育

随着新梢的伸长，叶片的数量和叶面积也不断增加。一般短梢叶片生长时间长，中梢次之，长梢最短。梨树全年叶面积的90%以上在6月底前形成。同一枝条上不同部位的叶片大小不同，一般短梢顶部叶片较大，中梢、长梢一般中部叶片较大；同一品种、同

类枝条、同一着生位置的叶片，因肥水条件和光照条件不同，叶面积大小亦不相同。

叶片对树体营养状况、环境条件变化反应敏感，现代果园管理常根据叶片成分分析来进行树体的营养诊断，以此来决定生产上采取的技术措施。

4. 栽培管理注意事项

在栽培管理中，应调整好长、中、短梢比例，以平衡生长与结果的关系，做到既要有利于花芽分化、果实生长发育、枝条和根系生长，又要保证后期的营养积累，以提高产量和果实品质，充实树体和枝芽，为翌年的萌芽、开花、结果打好基础。

第三节　花芽分化

一、花芽分化的概念

(1) 概念　叶芽的生理和组织状态转化为花芽的生理和组织状态。

(2) 花芽分化需要的条件　营养充足是花芽形成的物质基础，芽内具备丰富的碳水化合物、矿物质、含氮物质等是首要条件。充足的光照、适宜的温度和水分对花芽形成有着重要影响。

① 温度　要求有适宜的温度范围，梨最适宜温度为21℃左右。

② 光照　光是光合作用的能源，光照不足，光合速率低，树体营养水平差，花芽分化不良；光照强，光合速率高，同时光照强，可破坏新梢叶片合成的生长素，新梢生长受到抑制，有利于花芽分化。每天的日照时数在8～14小时，平均气温达到20℃以上时进行花芽分化。

③ 水分　花芽分化期适度的短期控水，可促进花芽分化（田间持水量的50%左右）。因为能抑制新梢生长，有利于光合产物的积累，提高细胞液的营养浓度，从而利于花芽分化。

④ 营养　包括有机营养和矿物质营养两部分。充足的营养能保证花芽分化正常进行。如果营养不足，花芽分化少或分化不能彻

底完成（花的各器官要齐全才行），造成坐果率低。

花芽的形成是多种因素综合作用的结果。水分、氮素供应充足，碳水化合物合成较多，树势中庸健壮，碳水化合物在树体内有积累，花芽形成多，质量高。

二、分化时期

梨树花芽分化的时期是在新梢停止生长后开始的，一般在6～7月份。由于树势、枝条长势、停长时间、营养状况、环境条件等的不同，花芽分化的时期也不相同。

凡短枝上叶片多而大、枝龄较轻、母枝充实健壮、生长停止早的，花芽分化开始早，芽的生长发育亦好。中长梢停长早、枝充实健壮的，花芽分化早，反之则迟。

花芽分化的第1时期与叶芽完全相同，如第1分化期后芽的基础较好，加之此期树体、枝条营养状况较好，则在第2时期进入花芽分化，反之则仍然是叶芽。其后进行的分化顺序分别为花萼形成期、花瓣形成期、雄蕊形成期，雌蕊形成期，这一分化过程持续到树体冬季休眠时为止。经过休眠的花芽，在第3时期继续雌蕊的分化和其他各部分的发育，直到最后形成胚珠然后萌芽、开花。

第四节　开花、结果

一、开花

梨的花芽是混合花芽，花序是伞房花序，每花序有花5～10朵，通常分为少花、中花、多花3种类型。平均每花序5朵以下的为少花类型，8朵以上为多花类型。梨是花序外围的花先开，中心花后开，先开的花坐果好。

花芽经过冬季休眠以后，当日平均气温达到0℃以上时，花芽内的花器官即开始缓慢生长、发育。随着气温升高，生长和发育速度加快，芽的体积逐渐增大，即花芽萌动期。此后花开放一般经历6个时期，即花芽开绽期、露蕾期、花序分离期、露冠期、花初开

期和盛花期，持续时间一般为 12～15 天。

二、授粉

梨树开花后能否坐果的首要条件是授粉、受精。梨自花结果率多数很低，多数梨品种均要配置授粉树，且要保证花朵完全开放 3 天之内完成授粉。

据河北农业大学的研究，鸭梨从授粉到受精所需时间，上午授粉的需 48 小时以上，中午和傍晚授粉的在 64 小时内观察，基本未能坐果。

花期气候是影响传粉受精的重要因素。柱头得到花粉后在温度达到 15～17℃时花粉才能正常发芽。如花期遇雨，落到柱头的花粉还会被冲掉。花期阴雨低温或刮风等天气，影响昆虫等传粉媒介的活动，也会影响到花朵授粉。

土壤状况、营养供应、树势强弱等也都是影响梨树坐果率的重要因素。

三、结果习性

1. 开始结果年龄

因树种和品种而异。一般沙梨较早，需 3～4 年；白梨 4 年左右；秋子梨较晚，需 5～7 年。但品种间差异亦大，如白梨中的鸭梨 3 年即结果，而蜜梨要 7～8 年才结果。地方气候亦有关系，如蜜梨在江苏南部栽培，11 年以上才结果。日本梨多数在我国 3 年即可结果，而在日本要 5 年左右。梨树枝条转化为结果枝较易，适当控制尖端优势，开张角度，轻剪密留，加强肥水，即可提早结果。河北石家庄果树研究所每 667 米^2 栽 334 株密植鸭梨，2 年结果，3 年每 667 米^2 产量达 4322.5 千克。

2. 结果部位

一般以短果枝结果为主，中、长果枝结果较少。但树种、品种间差异较大，秋子梨系统多数品种有较多的长果枝和腋花芽结果，而沙梨中的祇园、新世纪、幸水等及西洋梨系统则少见。白梨系统中如茌梨、雪花梨易见长果枝和腋花芽，而波梨、白酥梨等则少见。

结果枝的结果能力与枝龄有关，梨树以2～6年生枝的结果能力较强，7～8年以后随年龄增大而结果能力衰退。但有的品种，如鸭梨短果枝寿命较长，在营养条件较好的情况下，8～10年仍能较好结果。梨以基部第一、二序位的花结果质量高。

结果部位还与年龄时期、气候条件、栽培管理等因素有关。

第五节 果实的发育

梨果实主要由果肉、果心和种子3部分组成。花从完成受精以后一直到果实成熟，这3部分之间的发育有着密切关系。

梨果实的生长发育可以分为3个时期，即第一个缓慢生长期、快速生长期和第二个缓慢生长期。

梨果实从开花后到果实成熟的整个发育和膨大过程，呈现出一定的规律性。从开花坐果到花后40天左右，果实生长缓慢，重量和体积变化不大，从花后40天以后到成熟前1个月这段时间，果实一直在迅速膨大和发育，到采收前15天左右，逐渐慢下来，进入第二个缓慢生长期，直到成熟为止。如果把果实的体积或重量作为Y轴，把时间变化作为X轴，做成果实生长曲线，呈现单“S”形。

生产上常见的生理落果多发生在第一个缓慢生长期内。已受精的花，幼果在胚乳发育过程中需大量的营养物质，如果营养物质供应不足，胚乳发育停止，果柄基部形成离层而使幼果脱落，称为第一次生理落果。有些品种在果实将近成熟时也有落果现象，称为采前落果。

第六节 对环境条件的要求

一、温度

温度是决定梨品种地理分布、制约梨树生长发育好坏的首要因子。由于各种梨原产地带不同，在长期适应原产地条件下而形成了对温度的不同要求（表3-1）。

表 3-1　梨不同品种类群对温度的适应范围　　单位：℃

品种类群	年均温	生长季均温	休眠期均温	绝对最低温
秋子梨	4.5～12	14.7～18.0	－13.3～－4.9	－30.3～－19.3
沙梨	14.0～20	15.5～26.9	5.0～17.2	－13.8～－5.9
白梨和西洋梨	7.0～15	18.1～22.2	－2.0～3.5	－24.2～－16.4

1. 开花温度

气温稳定在 10℃以上，梨花即开放。14℃时，开花增快，15℃以上连续 3～5 天，即完成开花。

梨树开花较苹果为早，梨是先开花后展叶，易发生花期晚霜冻害。已开放的花朵，遇 0℃低温即受冻害。不同品种类群开花温度不同，其由低至高的开花顺序依次为秋子梨—白梨—沙梨—西洋梨。越是开花早的品种，越易受冻。

不同纬度不同年份，花期不同。由北向南，温度渐高，花期渐次提早，南北花期可相差 2 个月。花期低温寡照年份较高温晴朗年份，开花可推迟 1～2 周。

2. 花粉发芽温度

在 10～16℃时，44 小时完成授粉受精过程；气温升高，相应加速。晴天 20℃左右，9～22 小时即完成受精。温度过高过低，对授粉受精都不利。气温高于 35℃或低于 5℃，即有伤害，是造成开花满树，结果无几的原因。

3. 花芽分化和果实发育温度

要求 20℃以上。6～8 月间，一般年份都能满足这个温度。但在北部积温不足的地区或年份，常出现花芽形成困难和果实偏小、色味欠佳现象。如辽宁的鸭梨其成花、产量、品质和果个远不及河北、山东产区。

4. 根系生长、吸收的温度

梨的根系在土温达到 0.5～2℃及以上，即开始活动，6～7℃即发新根。山梨、杜梨砧对土温要求略低，活动早；豆梨、沙梨砧要求略高，活动较晚。

二、光照

梨树喜光，年需日照1600～1700小时。大多数梨品种，分生长枝少，萌发短枝，树冠稀疏，使冠内可以接受更多的阳光。

梨树根、芽、枝、叶、花、果实一切器官的生长，所需的有机养分，都靠叶的叶绿素吸收光能制造。当光照不足时，光合产物减少，生长变弱，根系生长显著不良，花芽难以形成，落花落果严重，果实小，颜色差，糖度低，维生素C少，品质明显下降。

原产地不同的品种，对光的要求不同。原产多雨寡照的南方沙梨，有较好耐阴性；原产多晴少雨的北方秋子梨、白梨品种，要求较多光照；西洋梨介于二者之间。

三、水分

梨树喜水，民间有“旱枣涝梨”之说，梨果实含水量80%～90%，枝叶、根含水50%左右。不同种和品种需水量不同，沙梨需水量最多，白梨、西洋梨次之，秋子梨最耐旱。

亩产2500千克的成年梨树，每667米^2 1年耗水量约为400×10^{3}千克。这个数量相当于600毫米的年降水量。我国东北、华北梨产区，年降雨多在500～600毫米，西北地区只有300～400毫米，天然降水不足且分布不均衡，应选择山梨、杜梨砧木及秋子梨、白梨等抗旱品种，并有保水、灌水设施。长江流域及其以南梨产区，年降雨量在1000毫米以上，雨量偏高，应选用豆梨、沙梨做砧木，嫁接沙梨等抗涝品种，并有排水设施。

四、土壤

梨对土壤要求不严，沙、壤、黏土都可栽培，以土层深厚、土质疏松、排水良好的沙壤土为好。

梨喜中性偏酸的土壤，pH值适应范围为5.8～8.5，最适范围为5.6～7.2。不同砧木对土壤的适应力不同，沙梨、豆梨要求偏酸，杜梨可偏碱。梨亦较耐盐，但在含盐0.3%时即受害。杜梨比沙梨、豆梨耐盐力强。

第四章　育苗技术

苗木是果园建立的基础，苗木质量的好坏直接影响梨的生长情况、结果的早晚及前期产量的高低，掌握科学的育苗技术，才能培育出优良的苗木。

第一节　砧木的种类与选择

一、砧木的种类

当前，我国应用最多的砧木种类是杜梨及沙梨，以杜梨为最多。这些砧木适应性很强，根系发达，抗旱、抗涝、耐瘠薄，与多数品种梨接穗亲和力强，适时嫁接后成活率高达90%以上。

1. 杜梨

(1) 分布　野生于我国华北、西北各地，辽宁南部以及湖北、江苏、安徽等地也有分布。

(2) 性状　乔木，枝为针枝，开张下垂，幼叶及嫩梢表面密生白色茸毛。果实褐色近球形，直径 0.5～1 厘米，有淡色斑点，萼片脱落。每千克含种子 2.8 万～7 万粒。

(3) 特点　杜梨为我国应用最广泛的砧木，与栽培梨的亲和力均好，根系发达，须根多，生长旺，结果早，对土壤适应性较强，抗旱、耐涝、耐盐、耐碱、耐酸。与中国梨和西洋梨嫁接，表现早结果、丰产。在北方表现好，为我国北方梨区的主要砧木，在南方表现不及沙梨、豆梨。

2. 沙梨

(1) 分布　野生于我国长江流域或珠江流域各省。

（2）性状　乔木，嫩梢及幼叶初具灰白色茸毛。2年生枝条紫褐色或暗褐色。叶片宽大，果实近圆形，直径约3厘米，褐色，有灰白色果点，萼片脱落。每千克含种子2万～4万粒。

（3）特点　实生苗微有刺枝，分枝少，根系发达。耐高温、耐旱，抗疫病能力均强，对腐烂病抗性较强，抗寒力较弱。适于偏酸性土壤和温暖潮湿的生态环境。多用作沙梨系统品种的砧木。

3. 豆梨

（1）分布　野生于华东、华南各省。

（2）性状　乔木，新梢褐色无毛，嫩叶及茎干红色。实生苗初期生长缓慢，枝细，分枝少，刺多，叶片3～5裂。果实球形，褐色，直径1厘米左右，萼片脱落，每千克含种子8万～9万粒。

（3）特点　抗腐烂病能力极强，耐涝、抗旱，较耐盐碱，适应黏土或酸性土壤，适于温暖湿润气候，抗寒力较差。与沙梨、白梨、西洋梨品种嫁接亲和力强，但主要作沙梨品种砧木。嫁接树比杜梨砧的树体矮化，根系也较浅。长江流域及以南地区广泛应用，适宜温暖多雨湿润气候。

4. 秋子梨

（1）分布　分布于我国的东北、华北北部及西北一些省份。

（2）性状　枝条黄褐色，平滑无刺。叶片光亮，单株间叶片大小不一，叶片具有刺毛状锯齿。果实黄色，球形，较小。每千克含种子0.6万～2.8万粒。

（3）特点　秋子梨特别耐寒、耐旱，根系发达，适宜在山地生长。东北、内蒙古、陕西、山西等寒地梨区广泛应用，但在温暖湿润的南方不适应。所嫁接的品种植株高大、寿命长、丰产，抗腐烂病，与西洋梨的亲和力较弱。为我国北部寒冷地区常用的梨树砧木。

5. 木梨

（1）分布　主要分布于西北的甘肃、宁夏、青海。

（2）特点　对腐烂病抵抗力较弱。

6. 矮化砧

榅桲属矮化砧木常用的有榅桲A、榅桲C，一般与西洋梨亲和力较好，与东方梨亲和力差；梨属矮化砧木常用的有OH×F_{51}、

极矮化砧木 PDR_{54}、矮化砧木 S_5、半矮化砧木 S_2，与多数品种亲和力较好。

二、选择砧木的原则

（1）选择砧木要考虑到栽培地区的环境条件，选择适应性和抗逆性强的砧木。

（2）在选择砧木时，还应特别注意砧木与品种的嫁接亲和性和砧木对早结果、早丰产的影响。如用秋子梨或沙梨作砧木时，某些西洋梨品种的果实产生铁头病，而用杜梨、豆梨作砧木则亲和性好，未见发生此病。如砧木对嫁接树的早果丰产性影响很大，一般矮化砧树早果性强；在乔化砧木中，杜梨和川梨作砧木时，嫁接树结果早、丰产，而褐梨作砧木时生长旺盛、结果较晚。

第二节 育苗技术

一、实生苗的培育

1. 砧木种子采集

（1）选择种类纯正、树势健壮、无病虫害的优良单株作为采种母树。

（2）选好母树后，待种子充分成熟时选发育正常、果形端正的果实采集种子。

果肉能利用的种子，可结合加工过程取种，注意经 45%以上温度处理过的种子生活力和发芽力将大大下降。

果肉没有利用价值的，果实采收后堆放软化后搓揉取种，注意不要堆放时间过长，以免堆积生热，损坏种子。

（3）采收时期　秋子梨和杜梨一般在 9～10 月采收，沙梨一般在 8 月采收，豆梨一般在 8～9 月采收。

（4）种子保存　取出的种子，漂洗干净后，放在阴凉通风的地方晾干，不能暴晒。种子干燥后，收起储藏，注意防止鼠害和霉烂变质。

2. 生活力鉴定

为了做到播种量合理，幼苗生长整齐健壮，层积前应对种子生活力进行鉴定，特别是经过储藏或由外地买来的种子。常用的鉴定方法有 3 种。

(1) 目测法　种子呈深褐色，有光泽，种仁呈乳白色，不透明，无霉烂气味，用指甲压挤呈饼状，即为好种子。如果种仁透明，压挤即碎，则为陈种子，不能使用。

(2) 染色法　可用靛蓝胭脂红 0.1%～0.2%水溶液染色 3 小时，然后用水洗净，观察染色情况。被鉴定的种子需先浸入水中，使其充分吸水，然后剥去种皮进行染色。凡具有生活力的种子不着色，着色的种子表示已丧失生活力。

也可取样 100 粒，先放冷水中浸 24 小时，取出种仁；用 5%红墨水染色，20 分钟后，冲去浮色至不褪色为止。凡胚未着色的种子具有生活力，着色者则是失去生活力的种子。

(3) 发芽试验　将一定数量的种子置于器皿内，放在 25℃左右的条件下使其萌发，根据发芽的百分数确定种子的生活力，作为播种量的依据。

3. 沙藏

种子必须经过一定时间的 2～5℃的低温沙藏层积处理后，翌年春季才能发芽。低温沙藏层积时间因品种而异，杜梨一般需60～80 天，山梨一般需 40～60 天。一般小粒种子可在小寒左右（1 月上中旬）进行层积，不宜过早或过晚。层积前，应将种子储藏于阴凉干燥处。

梨不同砧木种子层积时间见表 4-1。

表 4-1　梨不同砧木种子层积时间

种类	层积时间/天	种类	层积时间/天
杜梨	35～54	褐梨	38～55
豆梨	35～45	川梨	35～50
秋子梨	40～55	野生沙梨	45～55
榅桲	35～50		

4. 层积的方法

（1）种子的浸泡　将干燥的种子取出，放在清水中，浸泡12～24小时，捞去漂浮的秕种子。

（2）层积处理　取干净的河沙，用量为种子容积的5～10倍，沙子的湿度以手握成团不滴水，松手即散开为度。将浸泡过的种子和准备好的河沙混合均匀即可。

（3）层积地点或层积坑、沟　选择地势较高的背阴、通风处，坑的深度以放入种子后和当地的冻土层平齐为宜。层积种子的厚度不超过30厘米。

种子量小时，可用透气的容器（木箱或花盆）装盛。注意容器先用水浸透，将混匀的材料装入，上面覆1～2厘米的湿沙，放入挖好的层积坑内。

种子量大时，可挖长方形的层积沟进行处理。沟宽50～60厘米，长度不限。沟深按当地冻土层的厚度加上层积种子的厚度（30厘米左右）计算。

5. 播种日期

露地春播，气温达到5℃，5厘米深土温7℃时（一般在3月上中旬）最适宜，北方地区一般在3月下旬至4月上旬播种；长江流域地区为2月下旬；塑料棚内播种（砧木可用来培育速生苗）期为2月中下旬。

6. 播种方法

主要介绍条播。

（1）苗圃地的准备

① 地势平坦、土质肥沃、土层深厚的地块。

② 没有做过果树苗圃的地块。

③ 每亩施有机肥500千克、复合肥25千克，撒匀后浇水。播种前5～7天浇1次透水。

④ 播种前1～2天翻地20厘米左右、作畦。畦宽90～100厘米，畦长最好不超过50米，以便于管理。

（2）播种

① 播种量的计算　播前一般要检查发芽率（随机取100粒种

子，洗净后放在湿润的吸水纸上，保温20～25℃，维持一定湿度，1周后计算发芽数，即可知发芽率)。根据计划育苗量、株行距、当地气候条件和种子质量（发芽率)、每千克种的粒数计算出来。其公式为：

每667米^{2}播种量（千克)＝667米^{2}计划育苗数（成苗圃数量)/每千克种子粒数×种子发芽率×种子净度

实际生产中所用播种量要比公式计算出的理论值高5%～15%。梨常用砧木每千克种子数和播种量见表4-2。

表4-2　梨主要砧木种子每千克粒数及播种量

种类	每千克种子粒数/万	每667米^{2}播种量/千克
杜梨	2.8～7.0	1～2.5
豆梨	8.0～9.0	0.5～1.5
秋子梨	1.6～2.8	2～6
榅桲	6.0～8.0	1～1.5
褐梨	3.5～5.2	1～2.5
川梨	2.5～6.8	1.5～3
野生沙梨	2.0～4.0	1～3

② 适时播种　当层积处理的种子5%左右开始萌芽2～3毫米时，就可以进行播种了。

③ 播种方法　播种采用宽窄行带状条播。在每个畦的中间，划两条深约2厘米的播种沟，两沟间隔20～30厘米，将经过沙藏的种子均匀地点播或撒播于沟内，覆土，土的厚度为种子长度的3～5倍，整平、稍加压实，盖地膜，起到保墒和提高地温的作用。

7. 田间管理

出苗后及时撤除地膜。中耕除草，浇水保墒，防治病虫害。当幼苗长出3～4片真叶时，及时间苗。

二、嫁接苗的培育

嫁接苗是将梨优良品种的枝或芽嫁接到砧木上而长成的新植

株。所有的梨苗木都是通过嫁接得到的。嫁接苗除保持品种固有的优良特性外，还可以提早结果，增强对干旱、水涝、盐碱、病虫等不良环境的抗性。

（一）接穗采集、保存

① 采穗　接穗应从品种纯正、没有检疫对象、树体健壮、无病虫害、处盛果期的大树上选取。选树冠外围生长正常、芽体饱满的新梢作接穗。

芽接用的接穗取自当年生新梢，枝接用的接穗也最好采自发育充实的1年生枝，不要选取其内膛枝、下垂枝及徒长枝作接穗。

夏季芽接时，采接穗后立即剪除叶片，以防止水分蒸发，只保留0.3～0.4厘米的叶柄，同时接穗采好后注意保湿。

② 保存　接穗最好就近采集，随采随接。外运的接穗，及时去掉叶片的同时可用潮湿的棉布或塑料布包裹，防止失水，挂好品种标签，标明品种、数量、采集时间和地点，运到目的地后，即开包浸水，放置于阴凉处，最好开空调调节温度或培以湿沙。

冬季可结合梨树修剪时收集接穗，注意保存接穗时要注意保湿和防止发生冻害。

（二）嫁接

目前生产中应用最广泛的嫁接方法有芽接和枝接两种。

1. 芽接

芽接是用一个芽片作接穗。采用芽接接穗利用率高，接合部位牢固，嫁接时间长，成活率高，操作方便，嫁接效率高。

（1）芽接时期　芽接时期因地区不同稍有差异。河南、山东、安徽、江苏等省的黄河故道地区，一般从6月上旬即可开始芽接，一直可持续到9月上旬，但以7月下旬至8月中旬芽接最好。

（2）芽接方法　芽接时先削取芽片，再切割砧木，然后取下芽片插入砧木接口，及时绑缚。芽接多采用“T”字形芽接法（图4-1）。

在接穗中段选取充实饱满的芽子。削取接芽时，在接穗芽子上端0.4～0.5厘米处横向切一刀，深达木质部，再在接芽的下方1～1.5厘米处由浅至深向上推，削到横向刀口时，深度约0.3厘米，剥取盾状芽片；然后在砧木距地面5～10厘米处选择光滑部位用芽

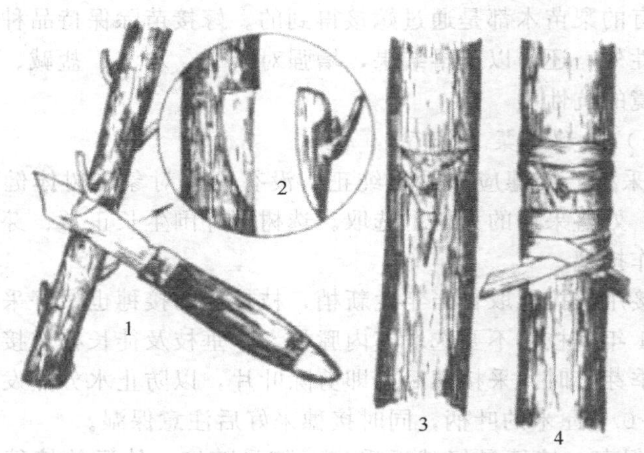

图 4-1 “T”字形芽接

1—削取芽片；2—取下的芽片；3—插入芽片；4—绑缚

接刀切开 1 厘米长的横口，深达木质部，然后在横口中央向下切 2 厘米长的竖口，成“T”字形，再用刀尖轻轻剥开两边的皮层，将削好的芽片插入砧木的接口内，使芽片上端与砧木横向切口紧密相接，用宽 1 厘米左右的薄的塑料薄膜绑缚严密，只露出叶柄。

接后 10～15 天，检查成活情况。凡叶柄一碰即落就是成活芽，可随即解除绑缚物，以免影响砧木继续加粗生长。凡叶柄僵硬不易脱落者就是未成活芽，要及时进行补接。

2. 枝接

与芽接相比操作技术复杂，工作效率低。但当砧木比较粗、砧穗处于休眠期而不易剥离皮层、幼树高接换优或利用坐地苗建园时，采用枝接比较有利。

（1）枝接时期　枝接或带木质芽接一般在春季气温明显升高后树液开始流动、树皮易剥开时进行，到萌芽期嫁接完成。

（2）枝接方法　枝接方法有劈接、插皮接、切接、腹接、皮下接等。

嫁接时要选择节间长短适中、发育充实的 1 年生枝作接穗。刀要快，操作要迅速，削面要长而平，形成层要对齐，包扎要紧密。

① 劈接（图 4-2）　常用于较粗大的砧木或高接换种。砧木在离地面 6～10 厘米处锯断或剪截，断面须光滑平整，以利愈合。从断面中心直劈，自上向下分成两半（较粗的砧木可以从断面 1/3 处直劈下去），深 3～5 厘米。接穗长度以留 2～4 芽为宜，在芽的左右两侧下部各削成长约 3 厘米的削面，使成楔形，使上端有芽的一侧稍厚，另一侧稍薄。然后将削好的接穗，稍厚的一边朝外插入劈口中，使形成层互相对齐，接穗削面上端应高出砧木劈口 0.1 厘米左右。用塑料薄膜绑缚严密。在北方干旱地区，为防水分散失影响成活，可用蜡涂封接口或培土保湿。

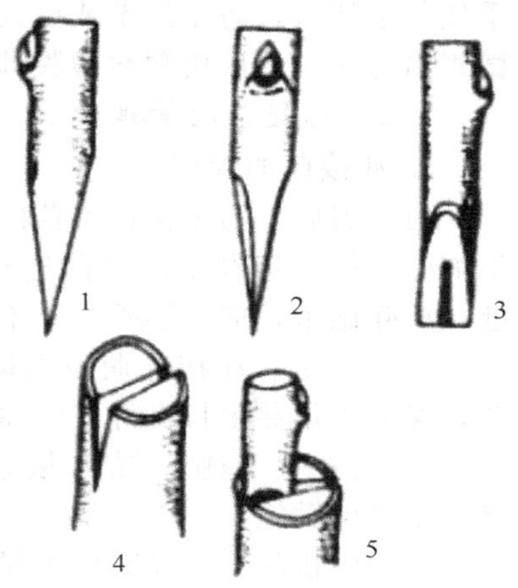

图 4-2　劈接

1—接穗正面；2—接穗反面；3—接穗侧面；4—砧木劈口；5—插入

② 插皮接（图 4-3）　当砧木较粗大、皮层较厚、易于剥离时，可行皮下接。自砧木断面光滑的一侧将皮层自上而下竖划一切缝，深达木质部，长 3 厘米左右。接穗末端削成较薄的单面舌状削面。将削好的接穗，大斜面向木质部，慢慢插入皮层内。在插入时，左

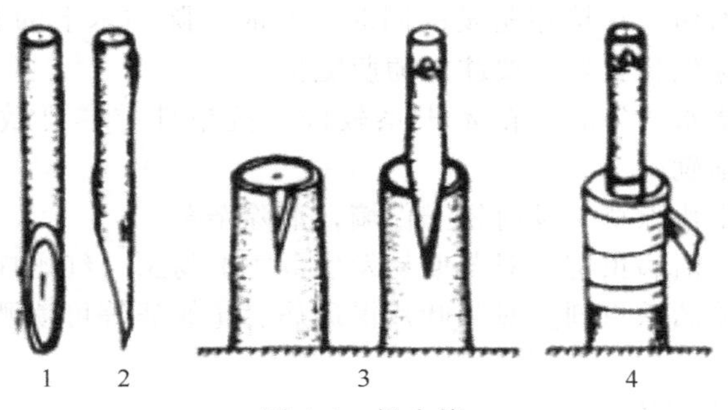

图 4-3　插皮接

1—接穗；2—砧木开口；3—插入接穗；4—包扎

手按住竖切口，防止插偏或插到外面，插到大斜面在砧木切口上稍微露出为止。然后用塑料薄膜绑缚。

（三）嫁接苗的管理

1. 芽接苗的管理

（1）剪砧　为了保证梨苗的质量，一般情况下，芽接好后当年不剪砧。第二年春季萌芽前进行剪砧工作。在接芽上方0.5厘米处，剪除砧木，剪口要平滑，不要造成剪口劈裂。

（2）除萌　在接芽萌发的同时，要及时去除砧木上的其他萌芽，保证接穗芽生长良好。要注意随萌随抹。

（3）浇水、施肥　苗木根系较浅，抗旱性差，要做到小水勤浇，肥少施勤施。

（4）中耕除草　及时松土保墒，清除杂草。

（5）防治病虫害　对苗期易发生危害的蚜虫、红蜘蛛、食叶害虫，及时喷洒杀虫剂。对梨叶片褐斑病、轮纹病等可喷洒杀菌剂进行防治。

2. 枝接苗的管理

（1）解除绑缚物　当接穗芽长到40厘米左右时，为防止影响嫁接部位增粗，及时松开绑缚物，再轻轻裹好，等到接穗芽长到60厘米以上时，再彻底去除绑缚物。

（2）绑支架　如果嫁接部位比较高，新梢生长比较快时，为防止接穗新梢被风吹折，当长度达到50厘米以上时即可在砧木上绑一根竹竿或木条，方向和接穗新梢水平，将新梢固定在其上。

（3）除萌　在接芽萌发的同时，及时去除砧木上的其他萌芽，保证接穗芽生长良好。要注意随萌随抹。

（4）浇水、施肥　苗木根系较浅，抗旱性差，要做到小水勤浇，肥少施勤施。

（5）中耕除草　及时松土保墒，清除杂草。

（6）防治病虫害　对苗期易发生危害的蚜虫、红蜘蛛、食叶害虫，及时喷洒杀虫剂。对梨叶片褐斑病、轮纹病等可喷洒杀菌剂进行防治。

3. 苗木出圃

（1）起苗　起苗时间依栽植时期而定。分为秋季和春季。秋季

可于土壤结冻前进行，须调运外地的可适当提早；春季于土壤解冻后至苗木发芽前起苗。

（2）分级　为提高苗木栽植成活率，定植后苗木生长整齐，同时也便于苗木的包装、运输，起出的苗要按相应的苗木标准分级。一般分成 2～3 级，但最低级也须符合当地苗木出圃质量标准。不合格的苗木应留圃继续培养，剔除病虫为害和机械损伤等无继续培养价值的苗木。

在分级时可对苗木进行适当修剪，将苗木按每 25～50 株扎捆，分别挂上标签和质量检验证书。苗木标签上应注明品种、砧木、质量等级、株数、苗木质量检验证书编号、生产单位和地址等。

一级苗标准：品种纯正，纯度在 95%以上。砧木准确，嫁接 1∶3 愈合完好。高度在 120 厘米以上，粗度为 1.2 厘米以上，有 5 条以上侧根，侧根粗度一般不低于 0.4 厘米，无病虫害，有一定量的须根，具体质量标准见表 4-3。

表 4-3　梨嫁接苗质量标准

项　目		规　格		
		一级	二级	三级
根	品种与砧木	纯度≥95%		
	主根粗度/厘米	≥1.2	≥1.0	≥0.8
	侧根长度/厘米	≥15.0		
	侧根粗度/厘米	≥0.4	≥0.3	≥0.2
	侧根数量/条	≥5	≥4	≥3
	侧根分布	均匀、舒展而不卷曲		
基砧段长度/厘米		≤8		
苗木高度/厘米		≥120	≥100	≥80
苗木粗度/厘米		≥1.2	≥1.0	≥0.8
倾斜度		≤15°		
根皮与茎皮		无干皱皮、无新损伤；旧损伤总面积≤1.0 厘米^2		
饱满芽数/个		≥8	≥6	≥6
接口愈合程度		愈合良好		
砧桩处理与愈合程度		砧桩剪除，剪口环状愈合或完全愈合		

（3）苗木保管、包装、运输 秋末起苗后，在背风、向阳、高燥处挖假植沟。沟宽50～100厘米，沟深和沟长分别视苗高、气象条件和苗量确定。须挖两条以上假植沟时，沟间平行距离应在150厘米以上。沟底铺厚10厘米湿沙或湿润细土，苗梢朝南，按砧木类型、品种和苗级清点数量，做好明显的标志，斜立于假植沟内，填入湿沙或湿润细土，使苗的根、茎与沙、土密接。苗木无越冬冻害或无春季抽条现象的地区，苗梢露出土堆外20厘米左右；苗木有越冬冻害或有春季抽条现象的地区，苗梢应埋入土堆下10厘米。冬季多雨、雪的地区，应在沟四周挖排水沟。

苗木运输前，可用稻草、草帘、蒲包、麻袋和草绳等包裹绑牢。每包50株，包内苗根和苗茎要填充保湿材料，以不霉、不烂、不干、不冻、不受损伤为准。包内外要附有苗木标签，以便识别。用汽车运苗木，途中应有帆布篷覆盖，防雨、防冻、防干。到达目的地后，应及时接收，尽快假植或定植。

第三节 矮化苗木及无病毒苗的培育

一、矮化苗木培育

矮化砧的繁殖常用无性繁殖法（或称营养繁殖法），如扦插法、压条法（水平压条和垂直压条）和组织培养法。在矮化砧木上直接嫁接梨品种，即得到矮化砧梨苗。为解决榲桲与东方梨亲和力差的问题，可在砧木与品种间嫁接一段中间砧（常用哈代等），采用二重芽接或二重枝接法即可。

二、无病毒苗的培育

梨树病毒种类繁多，目前国内外报道的梨树病毒及类似病毒有23种，我国目前已鉴定明确的有5种，即梨石痘病毒、梨环纹花叶病毒、梨脉黄花病毒、榲桲矮化病毒和苹果茎沟病毒。脱除梨树病毒的主要方法如下。

1. 恒温热处理

在 37～38℃恒温条件下热处理梨苗 28～30 天，然后切其顶梢（大小为 0.5～1.0 厘米），嫁接在实生杜梨砧上，成活后进行病毒检测。

2. 变温热处理

在变温（30℃和 38℃两种温度每隔 4 小时换 1 次）条件下处理梨苗 3 周，然后切取长为 0.5～1.0 厘米的茎尖，嫁接在实生杜梨砧上，成活后进行病毒检测。

3. 茎尖培养

用无菌操作技术切取 0.1～0.3 毫米的茎尖，在准备好的培养基上培养，获得的无菌幼株长到 2 厘米高时进行病毒检测。

4. 茎尖培养与热处理相结合

与茎尖培养法一样，培养出无根苗后，放入（37±1)℃下处理 28 天，再切取 0.5 毫米左右茎尖进行培养，或者如热处理方法一样，进行热处理后取 0.5 毫米的茎尖接在培养基上进行培养，然后进行病毒鉴定。

经过脱毒处理所得的脱毒苗即为无病毒母本树，然后分级建立无病毒采穗圃，以满足生产无病毒苗木的需要。

第四节　高接换优

1. 高接时期

梨成龄树的高接换优一般于春季萌动期进行，采用“枝接”的方法。只有在 2～3 年生幼树上，可于夏秋采用“芽接”的方法。

2. 接穗处理

接穗最好结合前一年的冬剪采集，选择发育充实、芽体饱满、无病虫害的发育枝（徒长枝和果枝不宜采用），绑缚标签，注明品种名称后，于背阴处挖一深 30～40 厘米的沟，将其埋于湿润的沙土之中，以保持水分，防止枝条风干皱皮。嫁接前将接穗取出、洗净晾干后，剪成长 5 厘米左右（一般以两个芽为宜）的小段，于 95℃的石蜡液中速蘸，使接穗表层及两端的剪口均匀涂布一层薄薄的蜡膜，以防接穗失水而影响成活率。

3. 高接方案

(1) 对10年生以内的树可进行"大接" 将现有主枝自距中心50厘米左右锯掉，可适度保留主枝基部的小分枝，然后对大枝采用劈接、对小枝采用腹接的方法进行高接。为确保成活率可于每个大枝上接两根接穗。采用"大接"的方法较易整形，树体负载量大，抗风能力强。

(2) 对20年生以上的大树，适合采用"多头高接" 按原来树体结构，选5～6个大主枝，将枝头锯掉（不超过原长度的1/4），而其上着生的侧枝、结果枝组应尽量保留，并短截，长度以5～10厘米为宜。对粗枝宜采用劈接、皮下接的方法，对细枝可采用腹接的方法。"多头高接"具成形快、结果早等特性，对提早丰产、恢复产量有利。

4. 嫁接方法

(1) 劈接 将接穗基部的两侧削成长1.5～2.0厘米，一面稍厚、一面略薄的楔形斜面（一定要平），将备接枝用刀等利器劈开（不宜过深），将削好的接穗宽面向外、窄面向里插入劈口，并使接穗削面上端略高于劈口，但"露白"不宜太多，以0.1～0.2厘米为宜，然后用塑料薄膜绑缚，但一定要绑严，以免影响成活。

(2) 皮下接 又称"插皮接"，将接穗基部的两侧削成两个斜面——大斜面长3～4厘米、小斜面（大斜面的对应面）长0.5～0.6厘米，呈箭头形，将备接枝的锯口削平，并切一竖口，将接穗的大斜面朝向木质部沿竖口垂直插入，直至削面露出0.5厘米为止。为确保成活，每个枝头可接2～3个接穗，然后用塑料薄膜绑缚，并以不露伤口和接口为宜。

(3) 腹接 主要用于高接树内膛直径2厘米以下的细枝嫁接。先将该细枝短截，于剪口下2～3厘米处剪一长2～3厘米的倾斜剪口，将接穗削成一面长2～3厘米的斜面，另一面削成略短的斜面，把削好的接穗长斜面向内插入剪口，形成层对齐，然后用塑料薄膜绑缚、捆严即可。

(4) 皮下腹接 主要用于高接树内膛光秃部分的补空。先将老树皮刮掉，于露白处与枝干呈45°角切一"T"字形切口，然后在

横切口上实施插皮接。因为“T”字形切口的横切口相对较小，所以削接穗时，斜面应稍短些，然后用塑料薄膜绑严即可。

5. 接后管理要点

高接树的地下部与地上部平衡受到了很大破坏，会萌发许多萌蘖，应注意及时去除，以免影响高接枝的正常生长。还需做好补接和拉枝造形工作。

第五章 建园技术

第一节 园地的选择

一、园地选择的要求

梨树的抗逆性强，适应性较广，对土壤要求不严，沙地、山地和丘陵地均可栽培。但土壤条件的好坏直接影响梨树的生长发育，园地的气候条件、土壤要求、灌溉水要求、环境空气质量等几方面达到以下要求，才能做到梨生产的优质、高效。

1. 气候条件

适宜我国栽培的梨种类主要有白梨、秋子梨、沙梨和西洋梨，其适宜地区的适生气候条件包括年平均气温、1 月平均气温、年降雨量等，见表 5-1。

表 5-1 适宜气候条件

梨栽培种	年平均气温/℃	1 月平均气温/℃	年降雨量/毫米
白梨	8～14	−9～−3	450～900
秋子梨	6～13	−11～−4	500～750
沙梨	13～23	1～15	500～1900
西洋梨	10～14	−6～3	450～950

2. 环境空气质量

梨园应选建在远离工业区、公路、铁路干线的地方，尽量避免工业、交通污染源的影响。梨园周围空气总悬浮颗粒物、二氧化硫、氟化物等有害物质的含量，每日平均分别不得超过 0.30 毫克/米^3、0.15 毫克/米^3 和 7.0 毫克/米^3，符合 NY 5013—2006 规定的无公

害梨产地环境要求。

3. 土壤要求

应选择土层厚度不小于1米、地下水位在1.5米以下、土壤质地疏松、有机质含量高、持水力强、排灌方便、背风向阳的地块。土壤pH值一般为5.5～8.5，含盐量不超过0.2%。镉、汞、砷、铅、铬、铜的含量符合NY 5013—2006规定的要求。

4. 灌溉水要求

梨树需水量较大，一般建园需要有灌溉自然水源或人工挖建水塘。灌溉用水要求洁净无毒，汞含量≤0.001毫克/升、镉≤0.005毫克/升、砷≤0.1毫克/升、铅≤0.1毫克/升、六价铬≤0.1毫克/升、氟化物≤3.0毫克/升，氰化物≤0.5毫克/升，石油类≤10毫克/升。符合NY 5013—2006规定的要求。

二、园地类型及特点

1. 平地

平地是指地势比较平坦，或地表高度差起伏不大、坡度不超过5°的平地或缓坡地。

平地一般水分充足，土层较深，有机质较多，果园根系入土深，生长结果良好，产量较高。但通风、光照、排水不如山地和丘陵地果园，果实的色泽、风味、含糖量、耐储性等方面也比山地果园差。

平地果园地形变化小，便于机械化操作，劳动生产率高，便于道路及排灌系统的设计、施工，生产资料与产品的运输方便，比建立山地果园投资少，产品成本较低，有利于提高果园效益。

根据平地的成因可分为冲积平原、泛滥平原和滨湖滨海平地等。

(1) 冲积平原　地面平整，土层肥沃，土层深厚。地下水质好。一般在离山或丘陵较近的地区。如邯郸—石家庄铁路沿线，在此地建园时主要考虑地下水位。地下水位不要过高，要低于1.5米，果树才能正常生长。

(2) 泛滥平原　是河流泛滥后形成的平原，如黄河故道地区。一般为沙壤土，土层深厚，土壤通气、排水性好，保水、保肥力差，壤土导热快、昼夜温差大，果实品质较好。建园时要多施有机肥，提高土壤的保水、保肥能力。

（3）湖滨滨海平地　是指江河的下游，由于其接近大的水体，温度受大水体调节，变化较小，自然灾害少。缺点是地下水位高，含盐量高，土粒细，多有黏土，透气性差。土壤有机质含量低，易受台风或大风袭击。建园时要选地下水位低的地方，多施有机肥，改良盐碱地，营造防护林。

2. 丘陵地

地面高度起伏不大，上下交通较方便。丘陵地区的土壤、肥力、水分条件变化很大，果园规划设计及管理难以统一，但丘陵地区通风、光照条件好，果树生长好，结果早，果实品质佳，耐储藏。建园时要注意水土保持，防止流失，同时要建立灌水系统。

3. 山地

山地光照充足，通风好，温度日差较大，有利于碳水化合物的积累，果实着色好，风味浓，耐储藏。

山地地形复杂，高度变化大，海拔高度高。选择山地建园时，应注意海拔高度、坡度、坡向及坡形等地势条件对温、光、水、气的影响。山地建园时，必须熟悉气候，并因地制宜地选择品种和栽培技术。

一般来说，凡是年均气温 6～7℃以上，绝对最低温度不低于－30℃，有一定土层厚度的地方都可建园。

4. 海涂

海涂地势平坦开阔，自然落差较小，土层深厚，富含钾、钙、镁等矿物质营养成分；土壤含盐量高，碱性强；土壤的有机质含量低，土壤结构差；地下水位高，在台风登陆的沿线更易受台风侵袭；缺铁黄化是海涂地区栽培果树的一大难题，在海涂地区发展梨时应注意。

第二节　园地规划与设置

一、社会调查和园地调查

1. 社会调查

了解果树生产的现状及发展趋势、果品的用途、销售渠道、建

园单位的总人口、劳动力、资金积累情况、技术力量、当地人民的生活水平，为建立果园提供可靠的依据。

2. 园地调查

大面积建园，须由熟悉当地情况的人员和技术人员组成调查组，详细了解当地气象条件，果树发展的历史，园地的土质、pH值、地形、地貌、水利条件等情况，绘制出平面图并整理成文字材料，为果园设计提供可靠的依据。

二、园地的规划

1. 小区的划分

为便于作业管理，面积较大的梨园可划分成若干个小区。小区是组成果园的基本单位，它的划分应遵循以下原则。

(1) 在同一个小区内，土壤、气候、光照条件基本一致。

(2) 便于防止果园土壤侵蚀。

(3) 便于果园防止风害。

(4) 有利于机械化作业和运输。

2. 小区的面积

平地果园可大些，以30～50亩（1亩=666.7米^2）为宜，低洼盐碱地以20～30亩为宜（排碱沟），丘陵地区以10～20亩为宜，山地果园为保持小区内土壤气候条件一致，以5～10亩为宜。整个小区的面积占全园的85%左右。

3. 小区的形状

小区的形状以长方形为好，便于机械化作业。平原小区长边最好与主害风的方向垂直，丘陵或山地小区的长边应与等高线平行，这样的优点很多，如便于灌溉、运输、防水土流失、气候一致。小区的长边不宜过长，以70～90米为好。

三、道路设置

梨园道路规划应根据实际情况安排。对于面积较小的梨园只设环园和园内作业道路即可。面积较大的梨园可根据作业小区设计主路、副路、支路三级路面。主路位置要适中，贯穿全园，是全园果品、物资运输的主要道路，宽6～8米，与园外相通，可容大型货车通过以方便运输；副路是作业区的分界线，与主路垂直相通，宽3～4米，可通过拖拉机和小型汽车；支路为小区内或环园的作业道，主要供人作业通过，宽1～2米即可。

四、排灌设施

（一）灌水系统的规划

果园的灌水系统包括蓄水、输水和灌水网三个方面。

果园建立灌溉系统，要根据地形、水源、土质、蓄水、输水和园内灌溉网进行规划设计，灌溉系统包括水源（蓄水和引水）、输水和配水系统、灌溉渠道。

1. 蓄水引水

平原地区的果园需利用地下水作为灌溉水源时，在地下水位高的地方可筑坑井，地下水位低的地方可设管井。果园附近有水源的地方，可选址修建小型水库或堰塘，以便蓄水灌溉，如有河流时可规划引水灌溉。

2. 输水系统

果园的输水和配水系统包括平渠和支渠。主要作用是将水从引水渠送到灌溉渠口。设计上必须做到以下几点。

（1）位置要高，便于大面积灌水　干渠的位置要高于支渠和灌溉渠。

（2）要照顾小区的形状，并与道路系统相结合　根据果园划分小区的布局和方向，结合道路规划，以渠与路平行为好。输水渠道距离尽量要短，以节省材料，并尽量减少水分的流失。输水渠道最好用混凝土或用石块砌成，在平原沙地，也可在渠道土内衬塑料薄膜，以防止渗漏。

（3）输水渠内的流速要适度，一般干渠的适宜比降在0.1%左右，支渠的比降在0.2%左右。

3. 灌水渠道

灌溉渠道紧接输水渠，将水分配到果园各小区的输水沟中。输水沟可以是明渠，也可以是暗渠。无论平地、山地，灌水渠道与小

区的长边一致，输水渠道与小区的短边一致。

山地果园设计灌溉渠道时与平原地果园不同，要结合水土保持系统沿等高线，按照一定的比降构成明沟。明沟在等高撩壕或梯田果园中，可以排灌兼用。

有条件的果园可以将灌溉渠道设计成喷灌或滴灌。

（二）排水渠道的规划

排水系统的作用是防止发生涝灾，促进土壤中养分的分解和根系的吸收等。排水技术有平地排水、山地排水、暗沟排水三种。

1. 平地排水

平地梨园排水系统由排水沟、排水支沟和排水干沟三部分组成。一般可每隔2～4行树挖一条排水沟，沟深50～100厘米，再挖比较宽、深的排水支沟和干沟，以利果园雨季及时排水。

2. 山地排水

山地果园，要在果园最上方外围设一道等高环山截水壕，使山洪直接入壕泄走，防止冲毁果园梯田、撩壕。每行梯田的内侧挖一道排水浅沟。全沟比降1/3000，并在截水壕和浅沟内都作有相当沟深一半的小埂（竹节埂），小雨能蓄，大雨可缓冲泄水流势。

3. 暗沟排水

用石砌或用水泥管构筑暗沟，以利排除地下水，保护果树免受涝害。

五、防护林

1. 防护林的作用

（1）降低风速，减少风害。

（2）减轻霜害、冻害，提高坐果率。在易发生果树冻害的地区，设置防护林可明显减轻寒风对果树的威胁，降低旱害和冻害，减少落花落果，有利果树授粉。

（3）调节温度，增加湿度。据调查，林带保护范围比旷野平均提高气温0.3～0.6℃。湿度提高2%～5%。

（4）减少地表径流、防止水土流失。

2. 防护林带的结构

防护林带可分疏透型林带和紧密型林带两种类型。

（1）疏透型林带　由乔木组成，或两侧栽少量灌木，使乔灌之间有一定空隙，允许部分气流从中下部通过。大风经过疏透型林带后，风速降低，防风范围较宽，是果园常用类型。

（2）紧密型林带　由乔灌木混合组成，中部为4～8行乔木，两侧或在乔木下部，配栽2～4行灌木。林带长成后，上下左右枝叶密集，防护效果明显，但防护范围较窄。

3. 防护林树种的选择

防护林树种选种应满足以下条件。

（1）生长迅速、树体高大，枝叶繁茂，防风效果好。灌木要求枝多叶密。

（2）适应性强，抗逆性强。

（3）与果树无共同病虫害，不是果树病害的寄主，根蘖少，不串根。

（4）具有一定的经济价值。

平原地区可选用枸橘、臭椿、苦楝、白蜡条、紫穗槐等，山地可选用麻栗、紫穗槐、花椒、皂角等。

果园周围应避免用刺槐、杨树、柏树、松树、泡桐等作防护林，因为它们是一些果树病害的潜隐寄主或传播体，如刺槐极易招引蟠象危害苹果，刺槐分泌出的鞣酸类物质对多种果树的生长有较大的抑制作用，刺槐上的落叶性炭疽病菌也能感染苹果等果树，造成大量落叶。

4. 防护林营造

（1）林带间距、宽度　林带间的距离与林带长度、高度和宽度及当地最大风速有关。风速越大，林带间距离越短。防护林越长，防护的范围越大。一般果园防护林带背风面的有效防风距离约为林带树高的25～30倍，向风面为10～20倍。主林带之间的距离一般为300～400米，副林带之间的距离为500～800米，主林带宽一般10～20米，副林带宽一般6～10米。风大或气温较低的地区，林带宽一些、间距小一些。

(2) 林带配置和营造 山地果园主林带应规划在山顶、山脊以及山亚风口处，与主要为害风的方向垂直。副林带与主林带垂直构成网络状。副林带常设置于道路或排灌渠两旁。地堰地边、沟渠两侧也要栽上紫穗槐、花椒、酸枣、荆条、皂角等，以防止水土流失。

平地果园的主林带也要与主要为害风的风向垂直，副林带与主林带相垂直，主副林带构成林网。平地果园的主、副林带基本上与道路和水渠并列相伴设置。平地防护林系统由主、副林带构成的林网，一般为长方形，主林带为长边，副林带为短边。在防护林带靠果树一侧，应开挖至少深100厘米的沟，以防其根系串入果园影响果树生长。这条防护沟也可与排、灌沟渠的规划结合。

六、辅助设施

包括管理用房、车库、药库、农具库、包装场、果库及养殖场(设在下风口)，应设在交通方便的地方，占整个园区面积的3%。为了建立高效益现代化的中大型果园（100亩以上），还应作出养殖场的规划，实行果、牧有机结合的配套经营。

第三节 梨的栽植

一、授粉品种的选择与配植

1. 授粉树应具备的条件

作为授粉树应具备以下条件。

(1) 与主栽品种授粉亲和力强。

(2) 与主栽品种花期一致，花粉量大、花期长，容易成花。

(3) 与主栽品种能相互授粉，果实的经济价值较高。

(4) 对当地的环境条件有较强的适应能力，树体寿命长。

梨多数品种属异花授粉、异花结实。建园时除主栽品种外，必须配植适宜的授粉品种（表5-2）。

表 5-2 梨主栽品种和适宜授粉品种配植

主栽品种	适宜授粉品种
鸭梨	雪花梨、锦丰梨、茌梨、胎黄梨、早酥梨
雪花梨	鸭梨、茌梨、锦丰梨、黄县长把梨
早酥梨	锦丰梨、鸭梨、雪花梨、苹果梨
茌梨	鸭梨、栖霞大香梨、莱阳香水梨、苹果梨
秋白梨	鸭梨、雪花梨、香水梨、花盖梨、南果梨
苹果梨	锦丰梨、朝鲜洋梨、早酥梨、南果梨、茌梨
黄金梨	大果水晶、皇冠梨、丰水、幸水
皇冠梨	早酥梨、中梨 1 号、雪花梨
大果水晶	黄金梨、丰水、皇冠梨
中梨 1 号	皇冠梨、早酥、鸭梨

2. 授粉树配植

主栽品种与授粉品种之间的配植比例一般为（4～8）∶1。授粉树的具体配植方式有等量式、倍量式和多量式 3 种（图 5-1）。

等量式（1∶1）	倍量式（2∶1）	多量式（3∶1）
×○×○×○	○○×○○×	○×○×○×○×
×○×○×○	○○×○○×	○○○○○○○○
×○×○×○	○○×○○×	○×○×○×○×
×○×○×○	○○×○○×	○○○○○○○○
×○×○×○	○○×○○×	○×○×○×○×
×○×○×○	○○×○○×	○○○○○○○○

多量式（4∶1）	多量式（5∶1）	多量式（7∶1）
○○×○○○○×○○	○○×○○×	○○○×○○○×
×○○○○×○○○○	○○○○○○	○○○○○○○○
○○×○○○○×○○	○○×○○×	○○○×○○○×
×○○○○×○○○○	○○○○○○	○○○○○○○○
○○×○○○○×○○	○○×○○×	○○○×○○○×
×○○○○×○○○○	○○○○○○	○○○○○○○○
	○○×○○×	

图 5-1 授粉品种配植比例及方法
○为主栽品种；×为授粉树品种

二、栽植技术

1. 栽植时期

梨树建园一般可在春、秋两季进行。春季栽植在土壤解冻后的

春分至谷雨间进行；秋季栽植应在寒露到小雪土壤结冻前实施。气候温和的南方地区，也可以于冬季进行栽植。

2. 栽植密度

根据梨品种特性、梨园地势、土壤特点、栽培模式、管理技术水平、机械化程度来确定合适的栽植密度。生产上，栽植密度可分为以下 3 类。

(1) 普通密植　株行距为 (4～5)米×(5～6)米，每亩栽 22～33 株。

(2) 中度密植　株行距为 (2～3)米×(4～5)米，每亩栽 44～82 株。

(3) 高度密植　株行距为 2 米×3 米，每亩栽 111 株。

生产上，一般采用亩栽 50 株左右的中等密度。这种密度采取有效的控制措施后，既能长好树，又能兼顾前后两头产量。

3. 栽植方式

按株行距大小分，有长方形、正方形和带状栽植 3 种。

(1) 长方形栽植　行距大于株距，通风透光良好，适于密植，便于管理，更有利于机械化操作。适宜平地与大块梯田采用。

(2) 正方形栽植　株距与行距相等，光照条件好，管理较方便，但对土地利用欠经济，不适于密植，不适于间作。

(3) 带状栽植　又叫宽窄行栽植，一般以两行为一带。带距为行距的 3～4 倍。带内采用株行距较小的长方形栽植。由于带内较密，有利于抵抗不良外界环境条件。

4. 栽植前准备

(1) 挖定植穴　定植坑挖大一些，坑的长、宽、深可各挖 60 厘米，把表土和心土分开，表土混入有机肥，填入坑中，然后取表土填平，浇水沉实。

(2) 肥料准备　腐熟好的有机肥每株 2.5～5 千克，尽量少用或不用化肥，以免产生肥害。

5. 栽植方法

将苗木放进挖好的栽植坑前，先将混好肥料的表土填一半进坑内，堆成丘状，将苗木放入坑内，使根系均匀舒展地分布于表土与肥料混堆的丘上，校正栽植的位置，使株行之间尽可能整齐对正，并使苗木主干保持垂直。然后将另一半混肥的表土分层填入坑中，每填一层都要压实，并不时将苗木轻轻上下提动，使根系与土壤密接，最后将心土填入坑内上层。在进行深耕并施用有机肥改土的果园，最后培土应高于原地面5～10厘米，且根颈应高于培土面5厘米，以保证松土踏实下陷后，根颈仍高于地面。最后在苗木树盘四周筑一环形土埂，并立即灌水。

干旱地区要覆膜或盖草，中耕以提高成活率。

6. 栽后管理

（1）浇透水　歪苗扶正。

（2）立即定干　根据整形要求，定干高度75～80厘米。整形带25～30厘米。

（3）套塑料袋　保成活，防虫害。尤其是山地栽植，荒山上多东方金龟子。

（4）成活率调查　发现有死亡株，应及时补栽。

（5）防治病虫害　及时除萌。减少养分损失。抹除同一节位上过多的芽。

（6）追肥灌水　成活展叶后，干旱时要浇水。6月下旬～7月上旬要追氮肥。8～9月份控制生长（控制浇水、摘心），提高越冬性。

（7）幼树防寒　埋土防寒或采取夹风障，在主干捆草把等防寒措施。

第六章 梨树营养与土肥水管理技术

梨树在每年的生长发育和大量结果过程中，根系必须不断地从土壤中吸收各种养分和水分，充分供应果树正常生长和结果的需要。土壤环境条件的好坏，特别是水、肥、气、热的协调情况，直接影响根系的生长和吸收，影响果树的生长和结果状况，要达到树体健壮、丰产稳产、果实优质的目的，必须加强土肥水管理。

第一节 梨树营养元素

近年来，随着果品价格的提高，果农收入大幅度增加，为了进一步提高果实的产量和品质，肥料投入越来越大，但效果却不理想，甚至出现各种问题，如产量上不去、黄叶、干枝、果面粗糙、死树等问题，如何让果农掌握科学施肥方法和技术，提高肥料的利用效果，减少肥料投入和浪费，我们就从果树的需求营养特点讲起。

一、梨树正常生长需要的营养元素

在果树的整个生长期内所必需的营养元素共有 16 种，分别为碳（C）、氢（H）、氧（O）、氮（N）、磷（P）、钾（K）、钙（Ca）、镁（Mg）、硫（S）、铁（Fe）、锰（Mn）、锌（Zn）、铜（Cu）、钼（Mo）、硼（B）、氯（Cl）。

这 16 种必需的营养元素根据果树吸收和利用的多少，又可分为大量营养元素、中量营养元素、微量营养元素。

1. 大量营养元素

它们在植物体内含量为植物干重的百分之几以上，包括碳

(C)、氢（H)、氧（O)、氮（N)、磷（P)、钾（K）共6种。

2. 中量营养元素

有钙（Ca)、镁（Mg)、硫（S）共3种，它们在植物体内含量为植物干重的千分之几。

3. 微量营养元素

有铁（Fe)、锰（Mn)、锌（Zn)、铜（Cu)、钼（Mo)、硼(B)、氯（Cl）共7种。它们在植物体内含量很少，一般只占干重的万分之几到千分之几。

通过多年的科学研究证明，上述16种营养元素是所有果树在正常生长和结果过程中所必需的。每种营养元素都有独特的作用，尽管果树对不同的营养元素吸收量有多有少，但缺一不可，不可相互替代，同时各种元素之间互相联系，相互制约，缺少任何一种营养成分会造成其他营养的吸收困难，造成果树缺素和肥料浪费。

二、各种营养元素对果树的生理作用

1. 大量营养元素对果树的生理作用

(1) 氢（H）元素和氧（O）元素　这两种元素必须合在一起对果树起到营养作用——水，水是果树最重要的营养肥料，吸收和利用最多。

① 光合作用的原料。

② 果实和树体最重要的组成成分。

③ 蒸腾降温。

④ 运送营养的载体。

⑤ 参与各种代谢活动。

(2) 碳（C）元素　是光合作用的原料，和水结合在太阳光能的作用下，在果树叶片内形成葡萄糖，然后转化为各种营养成分，如蛋白质、维生素、纤维素等。

(3) 氮（N）元素　氮是果树的主要营养元素，含量百分之几或更高，同时也是原始土壤中不存在，但影响果树生长和形成产量的最重要的要素之一。

① 氮是植物体内蛋白质、核酸以及叶绿素的重要组成部分，

也是植物体内多种酶的组成部分。同时植物体内的一些维生素和生物碱中都含有氮。

② 氮在植物体内的分布，一般集中于生命活动最活跃的部分（新叶、新枝、花、果实），能促进枝叶浓绿，生长旺盛。氮供应的充分与否和植物的氮营养的好坏，在很大程度上影响着植物的生长发育状况。果树发育的早期阶段，氮需要多，是氮营养特别重要的阶段，在此阶段保证正常的氮营养，能促进生育，增加产量。

③ 果树具有吸收同化无机氮化物的能力。除存在于土壤中的少量可溶性含氮有机物，如尿素、氨基酸、酰铵等外，果树从土壤中吸收的氮主要是铵盐和硝酸盐，即铵态氮和硝态氮。

④ 果树对氮的吸收，在很大程度上依赖于光合作用的强度，施氮肥的效果往往在晴天较好，因为吸收快。

（4）磷（P）元素

① 磷在果树中的含量仅次于氮和钾。磷对果树营养有重要的作用。

② 磷在果树内参与光合作用、呼吸作用、能量储存和传递、细胞分裂、细胞增大等过程。

③ 磷能促进早期根系的形成和生长，提高果树适应外界环境条件的能力，有助于果树耐过冬天的严寒。

④ 磷能提高果实的品质。

⑤ 磷有助于增强果树的抗病性。

⑥ 磷有促熟作用，对果实品质很重要。

（5）钾（K）元素　钾是果树的主要营养元素，也是土壤中常因供应不足而影响果实产量的三要素之一。

钾对果树的生长发育也有重要作用，但它不像氮、磷一样直接参与构成生物大分子。它的主要作用是在适量的钾存在时，植物的酶才能充分发挥作用。

① 钾能够促进光合作用　有资料表明含钾高的叶片比含钾低的叶片多转化光 50%～70%。在光照不好的条件下，钾肥的效果更显著。钾还能够促进碳水化合物的代谢、促进氮的代谢，使果树有效利用水分和提高果树的抗性。

② 钾能促进纤维素和木质素的合成，使树体粗壮。

③ 钾充足时，果树抗病能力增强。

④ 钾能提高果树对干旱、低温、盐害等不良环境的耐受力。

2. 中量元素对果树的生理作用

(1) 钙（Ga）元素

① 钙是构成植物细胞壁和细胞质膜的重要组成分，参与蛋白质的合成，还是某些酶的活化剂。能防止细胞液外渗。

② 钙能提高耐储藏能力。

③ 钙能抑制真菌侵袭，降低病害感染。

④ 钙能降低土壤中某些离子的毒害。

(2) 镁（Mg）元素　镁是叶绿素的重要组成部分，是各种酶的基本要素，参与果树的新陈代谢过程。镁供应不足，叶绿素难以生成，叶片就会失去绿色而变黄，光合作用就不会进行，果实产量会减少。

(3) 硫（S）元素

① 硫是蛋白质的组成成分。缺硫时蛋白质形成受阻。

② 在一些酶中也含有硫，如脂肪酶、脲酶都是含硫的酶。

③ 硫参与果树体内的氧化还原过程。

④ 硫对叶绿素的形成有一定的影响。

3. 微量元素对果树的生理作用

(1) 铁（Fe）元素

① 铁是形成叶绿素所必需的，缺铁时产生缺绿症，叶片呈淡黄色，甚至为白色。

② 铁参加细胞的呼吸作用，在细胞呼吸过程中，它是一些酶的成分。

(2) 锰（Mn）元素

① 锰是多种酶的成分和活化剂，能促进碳水化合物的代谢和氮的代谢，与果树生长发育和产量有密切关系。

② 锰与绿色植物的光合作用、呼吸作用以及硝酸还原作用都有密切的关系。缺锰时，植物光合作用明显受抑制。

③ 锰能加速萌发和成熟，增加磷和钙的有效性。

(3) 锌(Zn)元素

① 锌提高植物光合速率。

② 锌可以促进氮的代谢，是影响蛋白质合成最为突出的微量元素。

③ 锌能提高果树抗病能力。

(4) 铜(Cu)元素

① 铜是作物体内多种氧化酶的组成成分，在氧化还原反应中铜有重要作用。

② 铜参与植物的呼吸作用，影响果树对铁的利用。在叶绿体中含有较多的铜，铜与叶绿素形成有关。铜还具有提高叶绿素稳定性的能力，避免叶绿素过早遭受破坏，有利于叶片更好地进行光合作用。

③ 铜能增强果树的光合作用。

④ 铜有利于果树的生长和发育。

⑤ 铜能增强抗病能力(波尔多液)。

⑥ 铜能提高果树的抗旱和抗寒能力。

(5) 钼(Mo)

① 促进生物固氮。

② 促进氮素代谢。

③ 增强光合作用。

④ 有利于糖类的形成与转化。

⑤ 增强抗旱、抗寒、抗病能力。

⑥ 促进根系发育。

(6) 硼(B)元素

① 促进花粉萌发和花粉管生长，提高坐果率和果实正常发育。

② 硼能促进碳水化合物的正常运转和蛋白质代谢。

③ 增强果树抗逆性。

④ 有利于根系生长发育。

(7) 氯(Cl)元素

① 适当的氯能促进 K^+ 和 NH_4^+ 的吸收。

② 参与光合作用中水的光解反应，起辅助作用，使光合磷酸

化增强。

③ 对果树生长有促进作用。

第二节　梨园土壤管理技术

一、不同类型土壤的特点

土壤是由不同粒径的土粒组成。土粒分为砂粒、粉粒、黏粒，见表 6-1。

表 6-1　中国制土粒分级标准

粒级名称		粒径/毫米
石砾		1～3
砂粒	粗砂粒	0.25～1.00
	细砂粒	0.05～0.25
粉粒	粗粉粒	0.01～0.05
	中粉粒	0.005～0.010
	细粉粒	0.002～0.005
黏粒	粗黏粒	0.001～0.002
	细黏粒	＜0.001

来源：熊毅，李庆逵，《中国土壤》，1987。

土壤分为砂土、壤土、黏土，见表 6-2。

不同质地土壤的肥力特点如下。

1. 砂土

（1）砂土含砂粒多，黏粒少，粒间多为大孔隙，但缺乏毛管孔隙，所以透水排水快，但土壤持水量小，蓄水抗旱能力差。

（2）砂土中主要矿物质为石英，养分贫乏，又因缺少黏土矿物质，保肥能力弱，养分易流失。

（3）砂土通气性良好，好氧微生物活动强烈，有机质分解快，因而有机质的积累难而含量较低。

（4）砂土水少气多，土温变幅大，昼夜温差大，早春土温上升快，称热性土。砂土夏天最高温可达 60℃以上，过高的土表温度不

表 6-2 中国土壤质地分类 单位：%

质地	质地名称	颗粒组成(粒径)/毫米		
		砂粒(0.05～1)	粗粉粒(0.01～0.05)	细黏粒(<0.001)
砂土	极重砂土	>80		<30
	重砂土	70～80		
	中砂土	60～70		
	轻砂土	50～60		
壤土	砂粉土	≥20	≥40	<30
	粉土	<20		
	砂壤土	≥20	<40	
	壤土	<20		
黏土	轻黏土			30～35
	中黏土			35～40
	重黏土			40～60
	极重黏土			>60

仅直接灼伤植物，也造成干热的近地层小气候，加剧土壤和植物的失水。

（5）砂土疏松，易耕作，但耕作质量差。

（6）对砂土施肥时应多施未腐熟的有机肥，化肥施用则宜少量多次。在水分管理上，要注意保证水源供应，及时进行小定额灌溉，防止漏水漏肥，并采用土表覆盖以减少水分蒸发。

2．黏土

（1）黏土含砂粒少，黏粒多，毛管孔隙发达，大孔隙少，土壤透水通气性差，排水不良，不耐涝。虽然土壤持水量大，但水分损失快，耐旱能力差。

（2）通气性差，有机质分解缓慢，腐殖质累积较多。

（3）黏土含矿物质较丰富，土壤保肥能力强，养分不易流失，肥效来得慢，平稳而持久。

（4）黏土土温变幅小，早春土温上升缓慢，有冷性土之称。

（5）黏土往往黏结成大土块，犁耕时阻力大，土壤胀缩性强，干时田面开大裂、深裂，易扯伤根系。

（6）施肥时应施用腐熟的有机肥，化肥一次用量可比砂土多。在雨水多的季节要注意沟道通畅以排除积水，夏季伏旱注意及时灌溉。

3. 壤土

（1）壤土所含砂粒、黏粒比例较适宜，它既有砂土的良好通透性和耕性的优点，又有黏土对水分、养分的保蓄性，肥效稳而长等优点。

（2）壤土类土壤对农业生产来说一般较为理想。不过，以粗粉粒占优势（60%～80%以上）而又缺乏有机质的壤土的汀板性强，不利于树苗扎根和发育。

二、优质丰产梨园对土壤的要求

土壤是梨树的重要生态环境条件之一，土壤的理化性状与管理水平，与果树的生长发育与结果密切相关。

1. 梨园土壤管理的目的

（1）扩大根域土壤范围和深度，为果树生长创造良好的土壤生态环境。

（2）供给并调控果树从土壤中吸收水分和各种营养物质。

（3）增加土壤有机质和养分，增强地力。

（4）疏松土壤，使土壤透气性良好，以利于根系生长。

（5）搞好水土保持，为梨树丰产优质打基础。

2. 优质高效梨园需要的土壤条件要求

要求土层深厚，土壤固、液、气三相物质比例适当，质地疏松，温度适宜，酸碱度适中，有效养分含量高。生产中应根据梨树生长的需要进行土壤改良，为根系生长创造理想的根际土壤环境。

（1）具有一定厚度（60 厘米以上）的活土层　果树根系集中分布层的范围越广，抵抗不良环境、供应地上部营养的能力就越强，为达到优质、丰产的目的，应为根系创造最适生态层，土壤应具有一定厚度（60 厘米以上）的活土层。

（2）土壤有机质含量高　高产梨果园土壤要求有机质含量高，团粒结构良好。有机质经土壤微生物分解后能不断释放果树需要的

各种营养元素供果树需要；有机质能加速微生物繁殖，加快土壤熟化，维持土壤的良好结构；有机质被微生物分解后部分转变成腐殖质，成为形成团粒结构的核心，大量的营养元素吸附在其表面，肥力持久。优质高产园土壤有机质含量至少要达到1%以上。

（3）土壤疏松、透气性强，排水性好　果树根系的呼吸、生长及其他生理活动都要求土壤中有足够的氧气，土壤缺氧时树体的正常呼吸及生理活动受阻，生长停止。优质丰产果园应土壤疏松、透气、排水性好，以保证根系正常生理活动。

三、果园土壤改良方法

建在山地、丘陵、砂砾滩地、盐碱地的果园，土壤瘠薄、结构不良、有机质含量低，土质偏酸或偏碱，对果树生长不利，必须在栽植前后至幼树期对土壤进行改良，改善、协调土壤的水、肥、气、热条件，提高土壤肥力。

1. 适度深翻

对土壤厚度不足50厘米，下层为未风化层的瘠薄山地，或30～40厘米以下有不透水黏土层的沙地或河滩地，应重视果园的土壤改良。如果园土壤为疏松深厚的沙质壤土，不需要深翻。

（1）深翻时期　梨园深翻四季均可，但干旱、无灌溉条件时不宜深翻。以秋季（9～11月）为好。

① 秋季深翻　通常在果实采收前后结合秋施基肥进行。

② 春季深翻　应在土壤解冻后及早进行。我国北方多春旱，翻后需及时浇水，早春多风地区，蒸发量大，深翻过程中应及时覆土，保护根系。

③ 夏季深翻　最好在根系前期生长高峰过后，雨季来临前后进行，不宜伤根过多，以免引起落果。结果期大树不宜在夏季深翻。

④ 冬季深翻　宜入冬后至土壤封冻前进行。冬季深翻后要及时填土，以防冻根；如墒情不好，应及时灌水。

（2）深翻方法　生产上常用的深翻方法有深翻扩穴和隔行深翻等。

①深翻扩穴　每年结合秋施基肥向外深翻扩大栽植穴，直到全园株行间全部翻遍为止，主要用于幼年树。

②隔行深翻　即隔1行深翻1行，分2次完成，每次只伤一侧根系，对果树的影响较小。这种行间深翻便于机械作业，适于盛果期果园。

③全园深翻　将栽植穴以外的土壤一次深翻完毕。全园深翻范围大，只伤一次根，翻后便于平整园地和耕作，但用工量多，适于幼龄梨园。

深翻深度以比果树根系集中分布层稍深为度，山地深翻一般为50～60厘米；沙质壤土一般为40～50厘米。深翻沟要在距树干1米往外，以免伤大根。深翻时，表土、心土要分开堆放。回填时先在沟内埋有机物如作物秸秆等，把表土与有机肥混匀先填入沟内，心土撒开。每次深翻沟要与以前的沟衔接，不留隔离带。

（3）深翻注意事项

①切忌伤根过多，以免影响地上部生长。深翻中应特别注意不要切断1厘米以上的大根。对根（粗大根）宜剪平断口，回填后要浇水。

②深翻结合施有机肥，效果好。

③随翻随填，及时浇水，根系不能暴露太久。干旱时期不能深翻，排水不良的果园，深翻后及时打通排水沟，以免积水引起烂根。地下水位高的果园，主要是培土而不是深翻。更重要的是深挖排水沟。

④做到心土、表土互换，以利心土风化、熟化。

2. 增施有机肥料

（1）特点　所含营养元素比较全面，除含主要元素外，还含有微量元素和许多生理活性物质，包括激素、维生素、氨基酸、葡萄糖、DNA、RNA、酶等，也称完全肥料。多数有机肥料需要通过微生物的分解释放才能被果树根系所吸收，所以又称迟效性肥料，多做基肥使用。

（2）种类　常用的有机肥料有厩肥、堆肥、禽粪、鱼肥、饼肥、人粪尿、土杂肥、绿肥等。

（3）作用

① 有机肥中含有果树生长需要的大量营养元素，如氮、磷、钾、钙、镁、硫等，还含有果树营养生长所需要的微量元素如锌、铁、锰等。

② 有机肥可改善土壤的物理性质。将有机肥与土壤混合后，有机肥中的有机质与土壤中的固体颗粒相互交接，生成团粒结构，使土粒间的黏结力下降，可降低根系的生长阻力，有利于根系的延伸及对养分的吸收利用。

③ 有机肥可提高土壤对养分的缓冲能力，提高肥效。有机肥中的有机物质在分解过程中产生大量的有机酸和腐殖酸类物质。这些酸性物质能促进土壤中所含的磷、铁、锌等植物必需营养元素的释放，还可与施入的尿素、碳酸氢铵等结合，将其吸附于酸性物质的表面降低土壤溶液中的铵离子的浓度，防止大量施用铵态氮肥较易发生的根系氨中毒；减少氮肥的挥发和淋溶损失。吸附固定的氮肥可在梨树的生长过程中不断释放，均衡供给果树吸收利用。

四、果园主要土类的改良

1. 山地红黄壤果园改良

（1）特点

① 红黄壤广泛分布于我国长江以南丘陵山区。该地区高温多雨，有机质分解快、易淋洗流失，而铁、铝等元素易于积累，使土壤呈酸性反应，同时有效磷的活性降低。

② 由于风化作用强烈，土粒细，土壤结构不良，水分过多时，土粒吸水成糊状。

③ 干旱时水分容易蒸发散失，土块又易紧实坚硬。

（2）改善红黄壤的理化性状的措施

① 做好水土保持工作　红黄壤结构不良，水稳性差，抗冲刷力弱，应做好梯田、撩壕等水土保持工作。

② 增施有机肥料　红黄壤土质瘠薄，缺乏有机质，土壤结构不良。增加有机肥料是改良土壤的根本性措施，如增施厩肥、大力种植绿肥等。

③ 施用磷肥和石灰　红黄壤中的磷含量低，有机磷更缺乏，增施磷肥效果良好。在红黄壤中各种磷肥都可施用，但目前多用微酸性的钙镁磷肥。

红黄壤施用石灰可以中和土壤酸度，改善土壤理化性状。加强有益微生物活动，促进有机质分解，增加土壤中速效养分，施用量每亩50～75千克。

2. 盐碱地梨园土壤改良的方法

在盐碱地栽植梨树必须进行土壤改良，具体措施如下。

(1) 设置排灌系统　改良盐碱地主要措施之一是引淡水洗盐。在果园顺行间隔20～40米挖一道排水沟，一般沟深1米，上宽1.5米，底宽0.5～1.0米。排水沟与较大较深的排水支渠及排水干渠相连，使盐碱能排到园外。园内定期引淡水进行灌溉，达到灌水洗盐的目的。达到要求含盐量（0.1%）后，应注意生长期灌水压碱，并进行中耕、覆盖、排水，防止盐碱上升。

(2) 深耕施有机肥　有机肥料除含果树所需要的营养物质外，并含有机酸，对碱能起中和作用。有机质可改良土壤理化性状，促进团粒结构的形成，提高土壤肥力，减少蒸发，防止返碱。天津清河农场经验，深耕30厘米，施大量有机肥，可缓冲盐害。

(3) 地面覆盖　地面铺沙、盖草或其他物质，可防止盐上升。

(4) 营造防护林和种植绿色作物　防护林可以降低风速，减少地面蒸发，防止土壤返碱。种植绿色植物，除增加土壤有机质、改善土壤理化性质外，绿肥的枝叶覆盖地面，可减少土壤蒸发，抑制盐碱上升。

(5) 中耕除草　中耕可锄去杂草，疏松表土，提高土壤通透性，又可切断土壤毛细管，减少土壤水分蒸发，防止盐碱上升。

(6) 施用石膏等对碱性土的改良也有一定作用。

3. 沙荒及荒漠土果园改良

我国黄河中下游的泛滥平原，最典型的为黄河故道地区的沙荒地。

(1) 特点

① 其组成物主要是沙粒，沙粒的主要成分为石英，矿物质养

分稀少，有机质极其缺乏。

② 导热快，夏季比其他土壤温度高，冬季又比其他土壤冻结厚。

③ 地下水位高，易引起涝害。

（2）改土措施

① 开排水沟降低地下水位，洗盐排碱。

② 培泥或破淤泥层。

③ 深翻熟化；增施有机肥或种植绿肥。

④ 营造防护林。

⑤ 有条件的地方试用土壤结构改良剂。

五、幼龄果园土壤管理制度

1. 幼树树盘管理

幼树树盘即树冠投影范围。

（1）树盘内的土壤可以采用清耕或清耕覆盖法管理。耕作深度以不伤根系为限。有条件的地区，可用各种有机物覆盖树盘。覆盖物的厚度，一般在10厘米左右。如用厩肥、稻草或泥炭覆盖还可薄一些。

（2）夏季给果树树盘覆盖，降低地温的效果较好。

（3）沙滩地树盘培土，既能保墒又能改良土壤结构，减少根系冻害。

2. 果园间作

幼龄果园行间空地较多可间作。

（1）好处

① 果园间作可形成生物群体，群体间可相互依存，还可改善微域气候，有利于幼树生长，并可增加收入，提高土地利用率。

② 合理间作既充分利用光能，又可增加土壤有机质，改良土壤理化性状。如间作大豆，除收获豆实外，遗留在土壤中的根、叶，每亩地可增加有机质约17.5千克。利用间作物覆盖地面，可抑制杂草生长，减少蒸发和水土流失，防风固沙，缩小地面温变幅度，改善生态条件，有利于果树的生长发育。

（2）间作物要求及管理

① 间作物要有利于果树的生长发育，在不影响果树生长发育的前提下，种植间作物。

② 应加强树盘肥水管理，尤其是在间作物与果树竞争养分剧烈的时期，要及时施肥灌水。

③ 间作物要与果树保持一定距离，尤其是播种多年生牧草更应注意。因多年生牧草根系强大，应避免其根系与果树根系交叉，加剧争肥争水的矛盾。

④ 间作物植株要矮小，生育期要较短，适应性要强，并与果树需水临界期错开。

⑤ 间作物应与果树没有共同病虫害，比较耐阴并收获较早等。

（3）适宜梨园间种作物

① 梨园常用的间作物有花生、豆类、小麦、甘薯、草本药材、绿肥植物等。梨园内不宜间作秋菜，因后期灌水会引起幼树徒长，使枝条不充实，降低抗冻性，还易招致浮尘子为害，造成抽条或死树。

② 为了缓和树体与间作物争肥、争水、争光的矛盾，又便于管理，果树与间作物间应留出足够的空间。当果树行间透光带仅有1～1.5米时应停止间作。

③ 长期连作易造成某种元素贫乏，元素间比例失调或在土壤中遗留有毒物质，对果树和间作物生长发育均不利。为避免间作物连作所带来的不良影响。需根据各地具体条件制订间作物的轮作制度。

六、成年果园土壤管理制度

成年果园的土壤管理制度如下。

1. 清耕法

园内不种作物，经常进行耕作，使土壤保持疏松和无杂草状态。果园清耕制是一种传统的果园土壤管理制度，目前生产中仍被广泛应用。

（1）方法　果园土壤在秋季深耕，春季浅耕，生长季多次中耕

除草，耕后休闲。

① 秋季深耕

a. 在新梢停长后或果实采收后进行。此时地上部养分消耗减少，树体养分开始向下转运，地下部正值根系秋季生长高峰，被耕翻碰伤的根系伤口可以很快愈合，并能长出新根，有利于树体养分的积累。

b. 由于表层根被破坏，促使根系向下生长，可提高根系的抗逆性，扩大吸收范围。

c. 通过耕翻可铲除宿根性杂草及根蘖，减少养分消耗。

d. 耕翻有利于消灭地下越冬害虫。

e. 在雨水过多的年份，秋季耕翻后，不耙平或留“锨窝”，可促进蒸发，改善土壤水分和通气状况，有利于树体生长发育；在低洼盐碱地留“锨窝”，还可防止返碱。

f. 耕翻深度一般为20厘米左右。

② 春季浅翻

a. 在清明到夏至之间对土壤进行浅翻，深10厘米左右。

b. 此时是新梢生长、坐果和幼果膨大时期，经浅耕有利于土壤中肥料的分解，也有利于消灭杂草及减少水分的蒸发，促进新梢的生长、坐果和幼果的膨大。

③ 中耕除草　生长季节，果园在雨后或灌溉后须进行中耕除草，以疏松表土、铲除杂草、防止土壤水分的蒸发。

（2）果园清耕制的优缺点

① 优点

a. 清耕法可使土壤保持疏松通气，促进微生物繁殖和有机物分解，短期内显著增加土壤有机态氮素。

b. 耕锄松土，可除草、保肥、保水。

c. 有效控制杂草，避免杂草与果树争夺肥水的矛盾。

d. 能使土壤保持疏松通气，促进微生物的活动和有机物的分解，短期内提高速效性氮素的释放，增加速效性磷、钾的含量。

e. 利于行间作业和果园机械化管理。

f. 消灭部分寄生或躲避在土壤中的病虫。

② 缺点

a. 果园长期清耕会使果园的生物种群结构发生变化，一些有益的生物数量减少，破坏果园的生态平衡。

b. 破坏土壤结构，使物理性状恶化，有机质含量及土壤肥力下降。

c. 长期耕作使果实干物质减少，酸度增加，储藏性下降。

d. 坡地果园采用清耕法在大雨或灌溉时易引起水土流失；寒冷地区清耕制果园的冻害加重，幼树的抽条率高。

e. 清耕法费工、劳动强度大。

③ 果园清耕制一般适用于土壤条件较好、肥力高、地势平坦的果园，果园不宜长期应用清耕制，也不能连年应用，应用清耕制要注意增施有机肥。

2. 生草法

(1) 发展历史　果园生草是一种较为先进的果园土壤管理方法，19世纪中叶始于美国，到现在世界果品生产发达国家新西兰、日本、意大利、法国等国果园土壤管理大多采用生草模式，并取得了良好的生态及经济效益。果园生草是果园土壤管理制度一次重大变革，我国于20世纪90年代开始将果园生草制作为绿色果品生产技术体系在全国推广，成效显著。

(2) 生草法与其他土壤管理制度的区别　由于清耕法深刨树盘，把20厘米以内的根系都破坏了，浅中耕又把5～10厘米的根系破坏了，使生长最活跃、对温度最敏感、吸收养分和合成细胞分裂素最强的浅层根不能发挥良好作用，以至于树势难以控制，花芽分化减弱，果实品质明显降低。同时破坏了土壤结构，也降低了土壤有机质含量。生草法很好地避免了上述问题的发生。

(3) 生草的主要功能

① 改善果园土壤环境　降低了土壤容重、增加了土壤的渗水性和持水能力。活地被物残体、半腐解层在微生物的作用下，形成有机质及有效态矿物质元素，不断补充土壤营养，土壤有机质积累随之增加，有效提高了土壤酶活性，激活了土壤微生物活动，使土壤N、P、K移动性增加，减缓土壤水分蒸发，团粒结

构形成，有效孔隙和土壤容水能力提高。改良了土壤，提高了土壤肥力。

② 促进果园生态平衡　能诱集害虫，降低地上防治难度；果园生草后优势天敌瓢虫、草蛉、食蚜蝇及肉食性螨类等数量明显增加，天敌发生量大，种群稳定，果园土壤及果园空间富含寄生菌，制约着害虫的蔓延，形成果园相对较为持久的生态系统，有利于果树病虫害的综合治理。

③ 优化果园小气候　果园生草后，可使土壤的温度昼夜变化或季节变化幅度减小，有利于果树的根系生长和对养分的吸收。雨季来临时，草能够吸收和蒸发水分，缩减果树淹水时间，增加土壤排涝能力；高温干旱季节，生草区地表遮盖，显著降低土壤温度，减少地表水分蒸发，对土壤水分调节起到缓冲作用，防止或减少水土流失，有利于果树生长发育。

④ 免去深翻，减少断根；同时减少了人工的投入。

⑤ 能快速提高土壤有机质含量，增加土壤中有益微生物种类和数量。促进梨树根系的生长发育和吸收营养的能力。

⑥ 促进果树生长发育，提高果实品质和产量　生草栽培果树叶片中全N、全P、全K含量比清耕对照增加，树体营养改善，生草后花芽比清耕对照可提高22.5%，单果重和一级果率增加，可溶性固体物和维生素C含量明显提高，储藏性增强，储藏过程中病害减轻。

（4）操作方法

① 人工植草　果园行间种植长矛野豌豆、鼠尾草、黑麦草等。

② 自然生草　果园在管理中保留果树行间自然生一两年生杂草，清除多年生杂草、恶草，如葎草；果树树干周围60厘米的杂草要除掉。

（5）果园生草管理

① 控草旺长　控制草的长势，杂草生长超过20厘米时，适时进行刈割（用镰刀或便携式刈草机割草），一般1年刈割2～4次；豆科草要留茬15厘米以上，禾本科留茬10厘米左右。全园生草

的，刈割下来的草就地撒开或覆在果树周围，距离果树树干20～30厘米。

② 施肥养草，以草供碳（有机质），以碳养根 割草后，每亩撒施氮肥5千克，补充土壤表面氮含量，为微生物提供分解覆草所需氮元素，微生物分解有机物变成腐殖质，腐殖质能够改变土壤环境，养壮果树根系。此过程是有无机物→有机物→腐殖质→供养果树→提高果品质量。

③ 雨后或园地含水量大时避免园内踩踏。果园园地含水量大，踩踏后容易造成果园土壤板结、通透性差。

（6）生草注意事项及评价 在树盘以外行间播种豆科或禾本科等草种，生草后土壤不耕翻，能减轻土壤冲刷，增加

土壤有机质含量，改良土壤理化性状，提高果实品质和减少病虫为害。但年降水量不足500毫米，又无灌溉条件的地区不宜生草。

生草法在土壤水分较好的果园可以采用。应选择优良草种，关键时期补充肥水，刈割覆盖地面，在缺乏有机质、土壤较深厚、水土易流失的果园，生草法是较好的土壤管理方法。

① 优点

a. 生草后土壤不进行耕锄，土壤管理较省工。

b. 可减少土壤冲刷，留在土壤中的草根可增加土壤有机质，改善土壤理化性状，使土壤能保持良好的团粒结构。

c. 在雨季，生草果园消耗土壤中过多水、养分，可促进果实成熟和枝条充实，提高果实品质。

② 缺点

a. 长期生草的果园易使表层土板结，土壤的通气性受影响。

b. 草的根系强大，且在土壤上层分布密度大，截取下渗水分，消耗表土层氮素，使果树根系上浮，与果树争夺水肥的矛盾加大，可通过刈割草、对果树、草增施肥料等方法加以控制。

（7）草种及草的栽培要点 果园草种主要是多年生牧草和禾本科植物。常见较好的草种有白三叶草、紫花苜蓿、毛叶苕子等。

① 白三叶草，也叫白车轴草，荷兰翘摇。为豆科车轴草属多

年生宿根性草本植物。白三叶草喜温暖湿润气候，较其他三叶草适应性强。气温降至0℃时部分老叶枯黄，小叶停止生长，但仍保持绿色；耐热性也很强，35℃左右的高温不会萎蔫。生长最适温度为19～24℃。较耐阴，在果园生长良好，但在强遮阴的情况下易徒长。对土壤要求不严格，耐瘠、耐酸，不耐盐碱。耐践踏，耐修剪，再生力强。

白三叶草种子细小，播前需精细整地，翻耕后施入有机肥或磷肥，可春播也可秋播，北方地区以秋播为宜。果园每亩播种量为1千克以上，多用条播，也可撒播，覆土要浅，1厘米左右即可。播种前可用三叶草根瘤菌拌种，接种根瘤菌后，三叶草长势旺盛，固氮作用增强。白三叶草的初花期即可刈割。花期长，种子成熟不一致，利用部分种子自然落地的特性，果园可达到自然更新，长年不衰。

白三叶草生长快，有匍匐茎，能迅速覆盖地面，草丛浓厚，具根瘤。白三叶草植株低矮，一般30厘米左右，长到25厘米左右时进行刈割，刈割时留茬不低于5厘米，以利再生。每年可刈割2～4次，割下的草可就地覆盖。每次刈割后都要补充肥水。生草3年左右后草已老化，应及时翻耕，休闲1年后，重新播种。

② 紫花苜蓿　紫花苜蓿为豆科多年生宿根性草本植物。紫花苜蓿喜温暖半干燥性气候，抗寒、抗旱、耐瘠薄、耐盐碱，但不耐涝。种子发芽的最低温度为5℃，幼苗期可耐－6℃的低温，植株能在－30℃的低温下越冬，对土壤要求不严。

播种前施入农家肥及磷肥做底肥，以利根瘤形成。苜蓿种子细小，应精细整地，深耕细耙。可春播和夏播。春季墒情好时可早春播种，在春季干旱、风沙多的地区宜雨季播种，一般每亩用种量1千克，播种深度2～3厘米，采用条播，行距25～50厘米。

紫花苜蓿一般可利用5～7年，1年可刈割3～4茬，留茬高度5厘米，在第二年和第三年，年产鲜草达5000～7000千克，最佳收割期为始花期。苜蓿耗水量大，在干旱季节、早春和每次刈割后灌溉，能显著提高苜蓿产量。

③ 毛叶苕子　毛叶苕子俗名兰花草、苕草、野豌豆等，豆科

巢菜属，1年生或越年生草本植物。苕子根上着生根瘤，固氮能力强，养分含量高。

苕子的根系发达，吸收水分的能力极强，叶片小，全株着生茸毛，抗旱能力较强，在各类土壤上都能生长，但以在排水良好的壤质土上生长较好。苕子的抗寒性较强，除我国东北、西北高寒地区外，大多数地区可以安全越冬。苕子耐阴性较好，适于果园间作；苕子的再生能力强，如果在蕾期刈割，伤口下的腋芽可萌发成枝蔓。

毛叶苕子一般采用春播或秋播的方法，冬季不能越冬的地区实行春播；冬季能安全越冬的地区最好秋播。

果园种植毛叶苕子要求土壤耙平、整细。由于毛叶苕子种皮坚硬，不易吸水发芽，为提高种子的发芽率，播种前要进行种子处理，即用60℃的水浸种5～6小时，捞出，晾干后播种。在播种前用根瘤菌拌种可提高鲜草产量和固氮能力。果园间种毛叶苕子，以条播为宜，行距25～30厘米，每亩播种量5千克左右。

在苕子的盛花期就地翻压或割后集中于树盘下压青；在苕子现蕾初期，留茬10厘米刈割，刈割后再生留种；苕子有30%硬粒，在第二年后陆续发芽，可让其自然落种，形成自然生草；利用苕子鲜茎叶或脱落后的干茎叶做成堆肥或沤肥，腐熟后施入果园。

3. 果园覆草法

用稻草、麦秸、玉米秆、绿肥、杂草等有机物进行覆盖，可树盘覆盖，也可全园覆盖。

（1）优缺点

① 覆草能防止水土流失，抑制杂草生长，减少蒸发，防止返碱，积雪保墒，缩小地温昼夜与季节变化幅度。

② 覆草能增加有效态养分和有机质含量，并防止磷、钾和镁等被土壤固定而成无效态，利于团粒形成，对果树的营养吸收和生长有利。

③ 覆草可招致虫害和鼠害，使果树根系变浅。

（2）方法

① 一般在土壤化冻后进行。树干周围40～50厘米范围内不要

覆草，以免影响根颈生长和引发病害。

② 覆草厚度以15～20厘米为宜。

③ 全园覆草不利于降水尽快渗入土壤，降水蒸发消耗多，生产中提倡树盘覆草。覆草前在两行树中间修30～50厘米宽的畦埂或作业道，树畦内整平使近树干处略高，盖草时树干周围留出大约20厘米的空隙。

(3) 果园覆草注意事项

① 覆草前翻地、浇水，碳氮比大的覆盖物，要增施氮肥，以满足微生物分解有机物对氮肥的需要；过长的覆盖物，如玉米秸、高粱秸等要切短，段长40厘米左右。

② 覆草后在草上星星点点压土，以防风刮和火灾，但切勿在草上全面压土，以免通气不畅。

③ 果园覆草改变了田间小气候，使果园生物种群发生变化，如树盘全铺麦草或麦糠的果园玉米象对果实的危害加重，应注意防治；覆草后不少害虫栖息草中，应注意向草上喷药。

④ 秋季应清理树下落叶和病枝，防治早期落叶病、潜叶蛾、炭疽病等发生。

⑤ 果园覆草应连年进行，至少保持5年以上才能充分发挥覆盖的效应。在覆盖期间不进行刨树盘或深翻扩穴等工作。

⑥ 连年覆草会引起果树根系上移，分布变浅，覆草的果园不易改用其他土壤管理方法。

4. 免耕法

果园利用除草剂防除杂草，土壤不进行耕作，可保持土壤自然结构，节省劳力，降低成本。

果园免耕，不耕作、不生草、不覆盖，用除草剂灭草，土壤中有机质的含量得不到补充而逐年下降，造成土壤板结。但从长远看，免耕法比清耕法土壤结构好，杂草种子密度的减少，除草剂的使用量也随之减少，土壤管理成本降低。

免耕的果园要求土层深厚，土壤有机质含量较高；或采用行内免耕，行间生草制；或行内免耕，行间覆草制；或免耕几年后，改为生草制，过几年再改为免耕制。

七、梨园土壤一般管理

1. 耕翻

耕翻最好在秋季进行。秋季耕翻多在果树落叶后至土壤封冻前进行，可结合清洁果园，把落叶和杂草翻入土中。既减少了果园病源和虫源，又可增加土壤有机质含量。也可结合施有机肥进行，将腐熟好的有机肥均匀撒施入，然后翻压即可。耕翻深度为 20 厘米左右。

2. 中耕除草

中耕的目的是消除杂草以减少水分、养分的消耗。中耕次数应根据当地气候特点、杂草多少而定。在杂草出苗期和结籽期进行除草效果较好，能消灭大量杂草，减少除草次数。

中耕深度一般为 6～10 厘米，过深伤根，对果树生长不利，过浅起不到中耕的作用。

3. 化学除草

指利用除草剂防除杂草。可将药液喷洒在地面或杂草上除草，简单易行，效果好。

选用除草剂时，应根据果园主要杂草种类选用，结合除草剂效能和杂草对除草剂的敏感度和忍耐力，确定适宜浓度和喷洒时期。

喷洒除草剂前，应先做小型试验，然后再大面积应用。

4. 地膜覆盖

地膜覆盖是利用厚度为 0.01～0.02 毫米的聚乙烯或聚氯乙烯薄膜覆盖于树盘的一种栽培方式。地膜覆盖主要使地温升高 2～4℃，可增加肥效，防除杂草，促进早熟，还可预防裂果（图 6-1、图 6-2）。

常用地膜如下。

① 无色透明膜　土壤增温效果好，生产上应用最为普遍。

② 黑色膜　防止土壤水分蒸发，抑制杂草生长。

③ 黑色双重膜　使地温下降，且利于抑制杂草生长。

④ 银色反光膜　具有隔热和较强的反射阳光作用，用以降低

图 6-1 梨园覆膜、生草（一）

图 6-2 梨园覆膜、生草（二）

地温和果实增色。

八、生产中梨园土壤管理存在的问题

1. 不重视土壤改良

选在山区、丘陵的梨园，大多都存在水土流失严重、土壤结构差、有机质含量低、酸碱度不适宜、保肥保水能力差等缺点，对根系呼吸和吸收十分不利，出现树体生长势弱、产量低、品质差，必须经过改良才能进行正常的果树生产。

2. 不重视有机肥的施用，施用方法不当

有机肥可以提高土壤的肥力，明显改善土壤的通气状况，尤其对黏土的效果更明显，但在生产上常常不被重视。施用时把畜禽粪便不经过腐熟直接施用。

3. 不进行果园覆盖

果园覆盖可保温保湿，改善土壤结构，提高土壤肥力，但许多果园嫌麻烦，仍采用清耕法，常导致水土流失严重，保肥保水力差。

第三节　梨树需肥特点和科学施肥

一、梨树不同生长时期的需肥特点

1. 幼树阶段

以营养生长为主，主要是树冠和根系发育，氮肥需求量最多，并要适当补充钾肥和磷肥，以促进枝条成熟和安全越冬。

2. 结果期

（1）氮　树体吸收氮、钾的第一个高峰在5月，5～6月是幼果膨大期，大部分叶片定型，新梢生长逐渐停止，光合作用旺盛，碳水化合物开始积累，此期对氮的需求显著下降，应维持平稳的氮素供应，过多易使新梢旺长，生长期延长，花芽分化减少；过少易使成叶早衰，树势下降，果实生长缓慢。8月中旬以后停止用氮，对果实大小无明显影响，如再供氮，果实风味即下降。

（2）磷　磷最大吸收期在5～6月，7月以后降低，养分吸收与新生器官生长相联系，新梢生长、幼果发育和根系生长的高峰期正是磷的吸收高峰期。

（3）钾　6月中旬以后为梨果迅速膨大期，为钾的第二个吸收高峰期，吸收量高于氮，到后期钾的要求仍高，钾后期供应不足，果实不能充分发育，味道变淡。

施肥促进根系生长，提高根系的吸收能力。根的生长活动与碳水化合物的供应密切相关，如前一年储存的碳水化合物不足，根的生长活动下降，对枝叶生长、开花坐果不利。

二、需肥量

1. 影响施肥量的因素

肥料施入的数量和比例要根据土壤条件、产量高低、树龄和品种等因素综合考虑。

（1）土壤　土壤肥力不同，施肥量也不同，瘠薄土壤应比肥沃土壤施肥量多。不同肥力的梨园，应在土壤分析的基础上，确定施

肥的数量和比例。

我国华北一带的梨园土壤含有机质多在1%以下，全氮和碱解氮分别在0.05%及30毫克/千克左右，速效钾在50毫克/千克，速效磷在4毫克/千克左右或更低，突出表现出缺氮和磷。在微量元素方面，普遍表现严重缺乏锌和硼，钼、铁、锰也较缺乏。

(2) 产量和品质　在一定范围内，随施肥量的增加，产量和品质有所提高。而施肥量（尤其是氮肥）过大，鲜食品质降低、耐藏性变差。

(3) 品种　不同品种需肥量有一定差异。与鸭梨相比，茌梨、雪花梨和秋白梨等品种的需肥量稍高。据研究，在山东平原梨区，鸭梨最高施氮量为300千克/公顷，茌梨应为375千克/公顷。河北赵县雪花梨产区的生产经验认为，每生产100千克梨果，雪花梨需施纯氮0.5～0.7千克，而鸭梨需0.3～0.45千克（刘秀田等《雪花梨栽培技术》，1989）。

(4) 树龄　幼树需肥量少，随树龄增大和产量增加，施肥量应逐渐增多。

2. 需肥量的确定

树体当年新生器官所需营养和器官质量的增加即为当年树体所需的营养总量。

梨树每生产100千克新根需氮0.63千克、磷（五氧化二磷）0.1千克、钾（氧化钾）0.17千克；每生产100千克新梢需氮0.98千克、磷0.2千克、钾0.31千克；每生产100千克鲜叶需氮1.63千克、磷0.18千克、钾0.69千克；每生产100千克果实需氮0.2～0.45千克、磷0.2～0.32千克、钾0.28～0.4千克。

理论施肥量的计算公式为：

理论施肥量=(吸收量－土壤供给量)肥料利用率

施肥比例按氮∶磷∶钾为2∶1∶2计；土壤天然供肥量一般氮按树体吸收量的1/3计，磷、钾按树体吸收量的1/2计；肥料利用率氮按50%计，磷按30%计，钾按40%计。最后除以肥料的元素有效含量百分比，即得出每公顷实际施入化肥的数量。

莱阳农学院认为每生产100千克果实，需施氮0.4～0.45

千克。

山西果树研究所调查认为，丰产梨树每生产100千克果实，应施氮0.7千克、磷0.4千克、钾0.7千克。

郗荣庭（1994）在河北藁城市进行叶片诊断和配方施肥，结果表明，氮：五氧化二磷：氧化钾以1：0.5：1效果最好，比对照提高可溶性固形物1%以上。

张玉星（1999）使用鸭梨专用有机-无机平衡肥料，每100千克果实使用4～5千克，1年仅春季开花前施用1次，结果表明，平衡肥可有效提高果实可溶性固形物含量，增加含糖量和糖酸比，果实风味变浓，且显著增大果实。

三、肥料种类

1. 有机肥料

有机肥料是指肥料中含有较多有机物的肥料。有机肥料是迟效性肥料，在土壤中逐渐被微生物分解，养分释放缓慢，肥效期长，有机质转变为腐殖质后，能改善土壤的理化性质，提高土壤肥力，其养分比较齐全，属完全性肥料，是果树的基本肥料。一般做基肥使用，施入果树根系集中分布层。

2. 化学肥料

又称无机肥料，成分单纯，某种或几种特定矿物质元素含量高，肥料能溶解在水里，易被果树直接吸收，肥效快，但施用不当，可使土壤变酸、变碱，土壤板结。一般做追肥用，应结合灌水施用。在化肥中按所含养分种类又分为氮肥、磷肥、钾肥、钙镁硫肥、复合肥料、微量元素肥料等。

（1）氮肥　常用的氮肥有尿素、氨水、碳酸氢铵、硫酸铵、硝酸铵、磷酸铵、磷酸二氢铵、磷酸氢二铵等。

①尿素　尿素含氮量42%～46%。尿素适用于各种土壤和植物，对土壤没有任何不利的影响，可用作基肥、追肥或叶面喷施。

②氨水　氨溶于水即成为氨水，含氮量12%～17%，极不稳定，呈碱性，有强烈的腐蚀性。氨水适用于各种土壤，可作基肥和追肥。施用时必须坚持“一不离土，二不离水”的原则。

③ 碳酸氢铵 简称碳铵，含氮量17%左右。碳铵适用于各种土壤，宜作基肥和追肥，应深施并立即覆土，切忌撒施地表，其有效施用技术包括底肥深施、追肥穴施、条施、秋肥深施等。

④ 硫酸铵 简称硫铵，含氮量20%～21%。硫铵适用于各种土壤，可作基肥、追肥和种肥。酸性土壤长期施用硫酸铵时，应结合施用石灰，以调节土壤酸碱度。

（2）磷肥 常用的磷肥有过磷酸钙、重过磷酸钙、钙镁磷肥、磷矿粉等。

① 过磷酸钙 又称普钙。可以施在中性、石灰性土壤上，可作基肥、追肥，也可作根外追肥。注意不能与碱性肥料混施，以防酸碱性中和，降低肥效。主要用在缺磷土壤上，施用要根据土壤缺磷程度而定，叶面喷施浓度为1%～2%。

② 重过磷酸钙 又称重钙。重钙的施用方法与普钙相同，只是施用量酌减。在等磷量的条件下，重钙的肥效一般与过磷酸钙相差无几。

③ 钙镁磷肥 适用于酸性土壤，肥效较慢，作基肥深施比较好。与过磷酸钙、氮肥不能混施，但可以配合施用，不能与酸性肥料混施，在缺硅、钙、镁的酸性土壤上效果好。

（3）钾肥 常用的钾肥有硫酸钾、窑灰钾肥等。

① 硫酸钾 含氧化钾50%～52%，为生理酸性肥料，可作种肥、追肥和底肥、根外追肥。

② 窑灰钾肥 是热性肥料，可作基肥或追肥，适宜用在酸性土壤上，施用时应避免与根系直接接触。

（4）复合肥料 凡含有氮、磷、钾三种营养元素中的两种或两种以上元素的肥料总称复合肥。含两种元素的叫二元复合肥，含三种元素的叫三元复合肥。复合肥肥效长，宜作基肥。若复合肥施用过量，易造成烧苗现象。

复合肥具有物理性状好、有效成分高、储运和施用方便等优点，且可减少或消除不良成分对果树和土壤的不利影响。

常用的复合肥有磷酸一铵、磷酸二铵、硝酸磷肥、磷酸二氢钾及多种掺混复合肥。

磷酸一铵和磷酸二铵：是以磷为主的高浓度速效氮、磷二元复合肥，适用于各种土壤，主要作基肥。

(5) 微肥　微肥是提供植物微量元素的肥料，如铜肥、硼肥、钼肥、锰肥、铁肥和锌肥等都称为微肥。

常用的微肥有硫酸锌、硫酸亚铁、硫酸锰、硼砂、钼酸铵等。

3. 生物肥

是指一类含有大量活的微生物的特殊肥料。生物肥料施入土壤中，大量活的微生物在适宜条件下能够积极活动，有的可在果树根系周围大量繁殖，发挥自生固氮或联合固氮作用；有的还可分解磷、钾矿物质元素供给果树吸收或分泌生长激素刺激果树生长。所以生物肥料不是直接供给果树需要的营养物质，而是通过大量活的微生物在土壤中的积极活动来提供果树需要的营养物质或产生激素来刺激果树生长。

由于大多数果树的根系都有菌根共生现象，果树根系的正常生长需要与土壤中的有益微生物共生，互惠互利。一方面，有些特定的微生物在代谢过程中产生生长素和赤霉素类物质，能够促进果树根系的生长；另一方面，也有些种类的微生物能够分解土壤中被固定的矿物质营养元素，如磷、钾、铁、钙等，使其成为游离状态，能顺利地被根系吸收和利用。有益微生物也能从根系内吸收部分糖和有机营养，供自身代谢和繁殖需要，形成共生关系。因此为了促进果树根系的发育和生长，生产上要求果园有必要每年或隔年施入一定量的腐熟有机肥（含大量有益微生物）或生物肥。

生物肥料的种类很多，生产上应用的主要有根瘤菌类肥料、固氮菌类肥料、解磷解钾菌类肥料、抗生素类肥料和真菌类肥料等。这些生物肥料有的是含单一有效菌的制品，也有的是将固氮菌、解磷解钾菌复混制成的复合型制品，目前市场上大多数制品都是复合型的生物肥料。

使用生物肥料应注意以下问题。

① 产品质量　检查液体肥料的沉淀与否、混浊程度；固体肥料的载体颗粒是否均匀，是否结块；生产单位是否正规，是否有合

格证书等。

② 及时使用、合理施用 生物肥料的有效期较短，不宜久存，一般可于使用前2个月内购回，若有条件，可随购随用。还应根据生物肥料的特点并严格按说明书要求施用，须严格操作规程。喷施生物肥时，效果在数日内即较明显，微生物群体衰退很快，应予及时补施，以保证其效果的连续性和有效性。

③ 注意储存环境，注意与其他药、肥分施。不得让阳光直射，避免潮湿，干燥通风等。在没有弄清其他药、肥的性质以前，最好将生物肥料单独施用。

四、梨树施肥技术要点

1. 梨园应多施有机肥，保证氮肥的施用

(1) 梨园应多施有机肥。有机肥的作用前面讲过，这里不再赘述。

(2) 氮是梨树需要量较大的营养元素之一，每生产100千克果实需吸收0.4～0.6千克的氮素。

在一定范围内适当多施氮肥，可增加梨树的枝叶数量，增强树势，提高产量。但氮肥过量施用，会引起枝梢徒长，坐果率下降，产量降低，品质及耐储性变差，并容易诱发缺钙等生理病害。

(3) 梨树的幼树相对需要的氮较多，其次是钾，吸收的磷素较少，为氮量的1/5左右。结果后梨树吸收氮钾的比例与幼树基本相似，但磷的吸收量有所增加，为氮量的1/3左右。

一般梨树在幼树期施肥时，氮肥的施用量为每年亩施氮肥（以纯氮计）为5～10千克，进入结果期后逐步增加至15～20千克，需肥较多的品种可增加至25千克。

(4) 氮肥施用时期

① 第一施肥期 萌芽后开花前追施一定量的氮肥，可提高坐果率，促进枝叶生长，一般施用量约为全年氮肥施用量的1/5。但树势较旺的果树，一般不宜在此期追施氮肥，以防梨树生长过旺，影响挂果。

② 第二施肥期 新梢生长旺期后，果实的第二个膨大期前，

适当追施氮肥并配合磷钾肥的施用，可提高产量，改善品质；但不要追施过早，以防枝叶的营养生长过旺，影响梨果的糖分含量及品质；此期的施肥量约为全年氮肥施用量的1/5。

③ 第三施肥期　梨果采收前及时追肥可为来年春天的萌芽和开花结果做好准备；一般此期的施用量约为全年氮肥用量的1/5。树势较弱和结果较多的梨树，若采收后不能及时追施基肥，可适当再施用一定量的氮肥，并配施磷钾肥，以恢复树势，为来年梨树的生长发育做准备。

2. 适量施用磷钾肥，合理施用硼、锌、铁等微量元素肥料

(1) 梨树每生产100千克果实需吸收0.1～0.25千克的五氧化二磷、0.4～0.6千克的氧化钾。施用磷钾肥能提高梨树的产量，促进根系的生长发育，增加叶片中的光合产物向茎、根、果等部位协同运输，磷肥有诱根作用，将磷肥适度深施可促进根系向土壤深层伸展，提高果树的抗旱能力。

梨的幼树和成树对磷钾肥的需要量，一般幼树需磷较少，需钾与氮相当，但幼树适量多施用一些磷肥可明显促进果树的生长，适宜的氮、磷、钾比例为1∶0.5∶1或1∶1∶1。进入结果期后，需适量增加氮钾肥的比例，适宜的氮磷钾的比例为：2∶1∶3或1∶0.5∶1，但在具体应用时还需要考虑土壤的性质，对于西北黄土高原区、山东、河北、河南等的黄河冲积主产区，土壤中的钙含量较多，磷低一些，实际应用时应适度增加磷肥的用量，氮磷钾的比例可选用1∶1∶1，其他土壤为中性到酸性的地区成龄果树可选用1∶0.5∶1。

磷肥和钾肥主要做秋季果实采收后的基肥（或秋追肥）施用，应占总施肥量的一半以上，其余部分可作为梨的两个果实快速膨大期的促果肥及果实采收前的补充营养肥。

(2) 施用硼肥能显著降低梨树的缩果病发生，提高坐果率，减少果肉中木栓化区域的形成。对于潜在缺硼和轻度缺硼的梨树，可于盛花期喷施1次浓度为0.3%～0.4%的硼砂水溶液。严重缺硼的土壤可于萌动前每株果树土施100～250克的硼砂，有效期可达3～5年，如再于盛花期喷施1次浓度为0.3%～0.4%的硼砂水溶

液，效果更好。

(3) 施用锌肥对矫治梨树的叶斑病和小叶病效果十分显著。喷施方法是用0.2%的硫酸锌与0.3%～0.5%的尿素混合液于发病后及时喷施，也可在春季梨树落花后3周喷施，或发芽前用6%～8%的硫酸锌水溶液喷施能起到一定的预防作用。土壤施用硫酸锌的效果较差，施用螯合态的锌肥效果较好，但成本较高。

(4) 梨树缺铁失绿黄化矫治　将硫酸亚铁与饼肥（豆饼、花生饼、棉籽饼）和硫酸铵按1∶4∶1的重量比混合，在果树萌芽前做基肥集中施入细根较多的土层中，根据果树的大小和黄化的程度每株果树的施用量控制在3～10千克。叶面直接喷施硫酸亚铁的效果一般较差，应用黄腐酸铁与尿素的混合液喷施矫治黄化的效果较好，但有效期较短；也可应用硫酸亚铁与尿素的混合液喷施，效果略差，喷施的浓度为硫酸亚铁0.3%、尿素0.5%，在果树生长旺季每周喷施1次。

有条件的地方，也可使用强力树干注射机进行硫酸亚铁的木质部注射，施用量一般仅为土施的1%左右，但该方法仅适于成年果树，注射的剂量范围较窄，施用不当容易影响梨树的正常生长。

五、施肥时期

1. 基肥

幼树和初果期树，根据树体大小，每666.7米^{2}施优质有机肥1.3～2米^3；盛果期树按每生产1千克果实施用1～1.5千克有机肥计算使用量。施用时期以秋施最好，初冬或春季萌芽前施用亦可。施用方法，环状施肥或条沟、放射沟状施肥法均可，施基肥时施入适量磷肥。施后灌水。

2. 追肥

幼树追肥每年1～2次，第1次在萌芽期，以氮素为主，促进新梢生长，每株施用尿素0.1～0.2千克；第2次在花芽分化前，时间为6月上旬，追施磷肥和少量氮肥，如磷酸二氨0.1～0.2千克，尿素0.1千克。

成年树一般每年追肥 3～4 次。主要追肥时期如下，可根据具体情况选用。

(1) 萌芽前后与开花坐果期　萌芽前或花后追施 1 次速效性肥料，以速效性氮肥为主，配合适量磷肥，为萌芽、开花和坐果补充营养，提高开花整齐度和坐果率，促进新梢生长。

(2) 幼果发育期　一般在疏果结束后进行，以钾肥为主，配合适量氮肥和磷肥。能有效促进幼果的生长发育，提高光合效能，促进养分积累和花芽形成。

(3) 果实迅速膨大期　于果实成熟前 1.5～2 个月进行，追肥种类应以钾肥为主，树势弱的可配合少量氮肥。有利于增大果个，提高品质。

(4) 采后追肥以速效性磷肥为主，配合适量氮肥，以促进根系生长，延缓叶片衰老，恢复和增强树势，提高树体储藏营养的水平。

3. 根外施肥

叶面喷肥是在叶片停止生长至果实膨大期，结合喷施农药，混合施用可溶性肥料，一般浓度为 0.2%～0.3%，春季以速效氮为主，果实发育期以磷、钾为主。

4. 树干输液

落叶后或萌芽前根据树干粗细，用专用输液器从主干输入一定量的营养液肥，能迅速补充树体所需，维持树势强健。

5. 营养诊断与平衡施肥

根据梨树叶片分析结果，对树体营养状况做出诊断，拟定配方施肥方案，进行平衡施肥。以下举例摘自农业部种植业管理司编，梨标准园生产技术，2011。

例 1：如产量为 3000 千克/亩（1 亩＝666.7 米^2），盛果期鸭梨的施肥方案如下。

每年施有机肥 4000～6000 千克/亩，施纯氮（N）12～15 千克/亩，施磷（P_2O_5）6～8 千克/亩，施钾（K_2O）13～16 千克/亩，配合适量的微量元素。使用方法见表 6-3。

表 6-3 产量 3000 千克/亩盛果期鸭梨的施肥方案

施肥时期	有机肥/(千克/亩)	N/(千克/亩)	P_2O_5/(千克/亩)	K_2O/(千克/亩)	B/(千克/亩)	Zn/(千克/亩)
萌芽前		4～5	6～8	5～7	4.5	6
果实膨大期		4～5		8～9		
采收后	4000～6000	4～5				
全年合计	4000～6000	12～15	6～8	13～16	4.5	6

例 2：产量 3000 千克/亩的盛果期雪花梨施肥方案如下。

每年施有机肥 4000～6000 千克/亩，施纯氮（N）18～24 千克/亩，施磷（P_2O_5）6～8 千克/亩，施钾（K_2O）18～23 千克/亩，配合适量的微量元素。使用方法见表 6-4。

表 6-4 产量 3000 千克/亩的盛果期雪花梨施肥方案

施肥时期	有机肥/(千克/亩)	N/(千克/亩)	P_2O_5/(千克/亩)	K_2O/(千克/亩)	B/(千克/亩)	Zn/(千克/亩)
萌芽前		5～7	6～8	7～10	3	4
果实膨大期		7～10		11～13		
采收后	4000～6000	6～7				
全年合计	4000～6000	18～24	8～12	18～23	3	4

例 3：5～8 年生黄金梨、水晶梨产量控制在 2000 千克/亩左右，施肥方案见表 6-5。

表 6-5 产量 2000 千克/亩黄金梨、水晶梨施肥方案

施肥时期	有机肥/(千克/亩)	N/(千克/亩)	P_2O_5/(千克/亩)	K_2O/(千克/亩)	B/(千克/亩)	Zn/(千克/亩)
萌芽前		5～6	8～12	7～8	3	4
果实膨大期		7～8		9～10		
采收后	4000～5000	4～5				
全年合计	4000～5000	16～20	8～12	16～18	3	3

盛果期皇冠梨产量控制在 2500 千克/亩左右，施肥方案见表 6-6。

表 6-6 产量 2500 千克/亩皇冠梨施肥方案

施肥时期	有机肥/(千克/亩)	N/(千克/亩)	P_2O_5/(千克/亩)	K_2O/(千克/亩)	B/(千克/亩)	Zn/(千克/亩)
萌芽前		5～6	6～8	7～9	3.8	5
果实膨大期		7～8		8～11		
采收后	5000～6000	5.5～6				
全年合计	5000～6000	17.5～20	6～8	15～20	3.8	5

白梨系统的品种，每生产 100 千克果实，需施氮 0.4～0.45 千克，磷 0.2～0.3 千克，钾 0.4～0.5 千克。

沙梨系统的品种需肥量较大，每生产 100 千克果实需施氮 0.65～1.0 千克，磷 0.3～0.5 千克，钾 0.55～0.9 千克。

六、施肥方法

1. 放射状沟追肥

以树冠在地面的投影边缘为标准，向内占 2/3，向外占 1/3 左右，挖 4～8 条放射状沟，沟长 1～2 米，沟宽 30～40 厘米，沟深 20～25 厘米，沟内施入肥料后覆土并灌水。施肥的位置每年要错开。这种方法伤根较少，挖沟时应少伤直径 1 厘米以上的大根。

2. 穴状施肥

为扩大施肥范围和少伤根系，可从距树干 1 米以外的位置，以树干为中心均匀分布挖掘施肥穴。施肥穴的数量可根据树冠的大小来确定，施肥穴深度 20～25 厘米，大小不限。将肥料均匀撒入穴内，然后覆土灌水。这种方法节约肥料而且分布均匀。

3. 全园施肥

成年梨园或密植园，根系已布满全园时可将肥料均匀地撒布全园，再翻入土中。与放射状沟施肥隔年更换，可发挥肥料的最大效用。

4. 灌溉施肥

与喷灌、滴灌相结合进行施肥，此法供肥及时，分布均匀，不伤根系，保护土壤结构，节省劳力，成本低，肥料利用率高。灌溉

施肥对树冠相接的成年和密植梨园更为适宜。

七、梨园施肥存在的问题及提高肥效的方法

1. 梨园施肥存在的问题

（1）化肥施用过多　生产中果农不了解果园的土壤营养状况，多凭经验和习惯盲目施肥，以为施肥量越多越好，特别是氮肥，常造成偏用氮肥的现象严重，造成树体旺长，果实品质下降。

（2）基肥施用过少　我国果园立地条件大多相对较差，多数果园有机质含量严重不足，秋施基肥对果品的质量至关重要，但许多果园不施基肥或施肥不到位。

2. 提高肥效的方法

（1）根据生命周期施肥

① 幼树期，施足氮肥、磷肥，适当施用钾肥，目的是扩大树冠，搭好骨架，扩展根系。

② 结果初期，增施磷肥，配合施用氮、钾肥，可促进花芽分化，迅速提高产量。

③ 盛果期，氮磷钾肥配合施用，适当提高氮肥比例，做到优质、丰产、稳产。

④ 衰老期，以氮肥为主，适当配合磷钾肥，更新复壮，延长寿命。

（2）根据土壤和树叶分析配方施肥　2 年 1 次，根据测得数据与丰产园相应参数确定，是目前比较科学的施肥方法。

（3）多施有机肥　结合秋季深翻进行。粪尿肥、厩肥、堆肥、土杂肥、饼肥、秸秆肥等，可提高土壤有机质含量，有利于微生物活动。

（4）叶面施肥　一般为春季，针对缺乏的营养元素进行，补充氮、锌、硼、铁、钙等，吸收好，肥效快，方法简便，可结合喷药进行。

八、梨树缺素症状及矫治

1. 氮

（1）缺氮症状　一般氮素营养诊断，取当年生春梢成熟叶片进

行分析。叶片含氮量低于1.8%为缺乏，含氮量2.3%～2.7%为适量，大于3.5%为过剩。

梨树缺氮，早期下部老叶褪色，新叶变小，新梢长势弱。严重缺氮时，全树叶片不同程度均匀褪色，呈淡绿色至黄色，老叶发红，提前落叶；枝条老化、花芽形成减少；落叶早，花芽、花及果均少，果小、但果实着色较好。

梨树上年储藏营养不足，生长季节施肥数量少或不及时，容易造成新梢、果实旺盛生长期缺氮。

(2) 矫治　缺氮时采取氮肥施用可见成效。尿素作为氮素的补给源，用于叶面喷施，注意选用缩二脲含量低的尿素，以免产生药害。

2. 磷

(1) 缺磷症状　叶分析结果以有效磷含量0.05%～0.55%为适宜范围，含量0.14%为最佳值。

梨树早期缺磷无明显症状表现。中、后期缺磷，植株生长发育受阻，生长缓慢，抗性减弱，叶片变小，叶片稀疏，叶色呈暗黄褐色至紫色，无光泽，早期落叶，新梢短。严重缺磷时，叶片边缘和叶尖焦枯，花、果和种子减少，开花期和成熟期延迟，果实产量低。

常见缺磷的土壤，高度风化、有机质缺乏的土壤；土壤干旱缺水、长期低温，影响磷的扩散与吸收；氮肥使用过多、施磷不足，容易出现缺磷症状。

(2) 矫治　厩肥中含有持久性较长的有效磷，可在各种季节施用。叶面喷施可使用0.1%～0.3%的磷酸二氢钾、磷酸一铵或过磷酸钙浸出液。

3. 钾

(1) 缺钾症状　梨树植株当年春梢营养枝成熟叶，全钾含量低于0.7%为缺乏，1.2%～2.0%为适量。梨树缺钾初期，老叶叶尖、边缘褪绿，新梢纤细，枝条生长很差，抗性减弱。缺钾中期，下部成熟叶片的叶尖、叶缘逐渐向内焦枯、呈深棕色或黑色灼伤状，整片叶杯状卷曲或皱缩。严重缺钾，成熟叶片、叶缘焦枯，整

叶干枯不脱落、残留在枝条上；枝条发出的新叶边缘焦枯，至植株死亡。

土壤干旱，钾的移动性差；土壤渍水，根系活力低，钾吸收受阻；树体连续负载过大，土壤钾素营养缺乏等易发生植株缺钾现象。

(2) 矫治 土壤施用氯化钾、硫酸钾等钾肥可矫治土壤缺钾。根外喷布充足的含钾的盐溶液，也可达到较好的矫治效果。方法为在果实膨大及花芽分化期沟施硫酸钾、氯化钾、草木灰等钾肥；生长季的5～9月，用0.2%～0.3%的磷酸二氢钾或0.3%～0.5%的硫酸钾溶液结合喷药作根外追肥，一般3～5次即可。

4. 钙

(1) 缺钙症状 梨树当年生枝条中部完整叶片的全钙含量低于0.8%为缺乏，全钙含量1.5%～2.2%为适宜范围。

缺钙初期幼嫩部位生长停滞、新叶难抽出，嫩叶叶尖、叶缘粘连扭曲、畸形。严重缺钙，顶芽枯萎、叶片出现斑点或坏死斑块。幼果表皮木栓化，成熟果实表面出现枯斑。多数情况下，叶片并不显示出缺钙症状，果实表现缺钙，出现多种生理失调症。例如苦痘病、裂果、软木栓病、痘斑病、果肉坏死、心腐病、水心病等。

酸性火成岩、硅质砂岩发育的土壤、高雨量区的沙质土等易出现土壤缺钙。有机肥施用量少或沙质土壤有机质缺乏、土壤吸附保存钙素能力弱等情况下梨树容易发生缺钙。矫治酸性土壤缺钙，通常可施用石灰（氢氧化钙）。仅缺钙，施用石膏、硝酸钙、氯化钙可见效。

(2) 矫治 可在落花后4～6周至采果前3周，于树冠喷布0.3%～0.5%的硝酸钙液，15天喷1次，连喷3～4次。

5. 镁

(1) 缺镁症状 枝条中部叶片全镁含量低于0.20%为缺乏，0.30%～0.80%为适宜，高于1.0%为过量。

梨树缺镁初期，成熟叶片中脉两侧脉间失绿，失绿部分由淡绿色变为黄绿色直至紫红色，但叶脉、叶缘仍保持绿色。缺镁中、后期，叶脉失绿部分出现不连续的似串珠状的斑点，顶端新梢的叶片出现失绿斑点。严重缺镁时，叶片中部脉间发生区域坏死。新梢基部叶片枯萎、脱落后，再向上部叶片扩展，最后只剩下顶端少量薄而淡绿的叶片。

镁缺乏，常发生在温暖湿润、高淋溶的沙质酸性土壤，质地粗的河流冲积土，花岗岩、片麻岩、红色黏土发育的红黄壤、含钠量高的盐碱土及草甸碱土。

（2）矫治　可采用土壤施用或叶面喷施氯化镁、硫酸镁、硝酸镁的方法。土施，每株0.5～1.0千克。叶面喷布0.3%的氯化镁、硫酸镁或硝酸镁，每年3～5次。

6. 硫

（1）缺硫症状　梨树植株成熟叶片全硫（S）含量低于0.1%为缺乏，0.17%～0.26%为适量范围。

梨树缺硫时幼嫩叶片褪绿和变黄，失绿黄化色泽均匀、不易枯干，成熟叶片叶脉发黄；开花结果时间延长，果实减少。严重缺硫，叶细小，叶片向上卷曲、变硬、易碎、提早脱落。缺硫症状极易与缺氮症状混淆，两者开始失绿部位表现不同。缺氮首先表现在老叶，老叶症状比新叶重，叶片容易干枯。而硫在植株中较难移动，缺硫在幼嫩部位先出现症状。

缺硫常见于质地粗糙的沙质土壤和有机质含量低的酸性土壤。降水量大、淋溶强烈的梨园，有效硫含量低，容易缺乏硫素。

（2）矫治　当梨树发生缺硫时，每公顷可使用30～60千克硫酸铵、硫酸钾或硫黄粉进行矫治。叶面喷肥可用0.3%的硫酸锌、硫酸锰或硫酸铜进行喷施，5～7天喷1次，连续喷2～3次即可。

7. 铁

（1）缺铁症状　在梨树植株成熟叶片中，铁含量低于20毫克/千克为缺乏，含量60～200毫克/千克为适宜范围。缺铁时，最先是嫩叶的整个叶脉间开始失绿，主脉和侧脉仍保持绿色。缺铁严重时，叶片变成柠檬黄色，且有褐色坏死斑点，叶片从边缘开始枯死。

经常发生缺铁的土壤类型是碱性土壤，尤其是石灰质土壤和滨海盐土。磷肥使用过量会诱发缺铁症状。

（2）矫治 对砀山酥梨的试验表明，休眠期树干注射是防治缺铁黄化症的有效方法。先用电钻在梨树主干上钻1～3个小孔，用强力树干注射器按缺铁程度注入0.05%～0.1%的酸化硫酸亚铁溶液（pH值5.0～6.0）。注射完后把树干表面的残液擦拭干净，再用塑料条包裹住钻孔。一般6～7年生树每株注入浓度为0.1%硫酸亚铁15千克，树龄30年以上的大树注入50千克。注射之前应先作剂量试验，以防发生药害。该防治技术省工、省时、见效快。

8. 锰

（1）缺锰症状 梨树植株叶片锰含量低于20毫克/千克为缺锰，60～120毫克/千克为适量，含量大于220毫克/千克为过剩。梨树缺锰初期新叶先表现失绿，叶缘、脉间出现界限不明显的黄色斑点，叶脉仍为绿色，多为暗绿。严重缺锰时，根尖坏死，叶片失绿部位常出现杂色斑点、变为灰色，甚至苍白色，叶片变薄脱落，枝梢光秃、枯死，甚至整株死亡。

耕作层浅、质地较粗的山地石砾土容易发生缺锰；石灰性土壤，pH值高，降低了锰的有效性，常出现缺锰症。

（2）矫治 梨树出现缺锰症状时，可在树冠喷布0.2%～0.3%硫酸锰液，15天喷1次，共喷3次左右。进行土壤施锰，应在土壤内含锰量极少的情况下才施用，可将硫酸锰混合在有机肥中撒施。

9. 锌

（1）缺锌症状 当梨树植株成熟叶片全锌量低于10毫克/千克时为缺乏，全锌含量20～50毫克/千克为适宜。

梨树缺锌表现为发芽晚，新梢节间变短，叶片变小变窄，叶质脆硬，呈浓淡不均的黄绿色，并呈莲座状畸形。新梢节间极短，顶端簇生小叶，俗称“小叶病”。病枝发芽后很快停止生长，花果小而少、畸形。锌对叶绿素合成具有一定作用，树体缺锌时，有时叶片也发生黄化。严重缺锌时，枝条枯死，产量下降。

发生缺锌的土壤种类主要是有机质含量低的贫瘠土和中性或偏碱性钙质土。过量施用磷肥造成梨树体内磷锌比失调、降低了锌在植株体内的活性，表现出缺锌；施用石灰的酸性土壤易出现缺锌症状。

(2) 矫治　叶面喷布锌盐、土壤施用锌肥、树干注射含锌溶液及主枝或树干钉入“镀锌铁钥”等方法，均能取得不同程度的效果；根外喷布硫酸锌，是矫正梨树缺锌最为常用且行之有效的方法。生长季叶面喷布0.5%的硫酸锌，休眠季节喷施2.5%硫酸锌。土壤施用锌螯合物，成年梨树每株0.5千克对矫治缺锌最为理想。

10. 铜

(1) 缺铜症状　缺铜时，叶绿素减少，叶片出现失绿现象，幼叶的叶尖因缺绿而黄化并干枯，最后叶片脱落。缺铜也会使繁殖器官的发育受到破坏。

(2) 矫治　缺铜梨园可喷布0.02%～0.04%硫酸铜溶液。如使用高浓度硫酸铜，应加入0.15%～0.25%熟石灰，以免发生药害。也可与基肥混合施入，每666.7米^2（亩）用1～1.5千克硫酸铜，施入深度20厘米，3～5年施一次，就可有效防止缺铜症发生。

11. 钼

(1) 缺钼症状　缺钼表现为叶片出现黄色或橙黄色大小不一的斑点，叶缘向上卷曲呈杯状，叶肉脱落残缺或发育不全。缺钼与缺氮相似，但缺钼叶片易出现斑点，边缘发生焦枯，并向内卷曲，组织失水而萎蔫。

一般缺钼发生在酸性土壤上。淋溶强烈的酸性土，锰浓度高，易引起缺钼。

(2) 矫治　喷施0.01%～0.05%的钼酸铵溶液可矫治钼素缺乏，为防止新叶受药害，一般在幼果期喷施。缺钼严重的植株可加大药的浓度和施用次数，可在5月、7月、10月各月喷施1次浓度为0.1%～0.2%的钼酸溶液，叶色可望恢复正常；对强酸性土壤梨园，可采用土施石灰矫治缺钼；通常每667米^{2}施用钼酸铵22～40克，与磷肥结合施用效果更好。

12. 硼

(1) 缺硼症状　梨树植株成熟叶片硼含量<10毫克/千克为缺乏，20～40毫克/千克为适量，>40毫克/千克为过剩。梨树缺硼

时，叶变厚而脆，叶脉变红，叶缘微上卷，出现簇叶现象。严重缺硼时，叶尖出现干枯皱缩，春天萌芽不正常，发出纤细枝后就随即干枯，顶芽附近呈簇叶多枝状；花粉发育不良，坐果率降低，幼果果皮木栓化，出现坏死斑并造成裂果；秋季新梢叶片未经霜冻，即呈现紫红色。

缺硼植株果实出现软心或干斑，形成缩果病，有时果实有疙瘩并表现裂果，果肉干而硬、失水严重，石细胞增加，风味差，品质下降。

石灰质碱性土，强淋溶的沙质土，耕作层浅、质地粗的酸性土，是最常发生缺硼的土壤种类。天气干旱时，土壤水分亏缺，硼的移动性差、吸收受到限制，容易出现缺硼症状；氮肥过量施用，引起氮素和硼素比例失调，梨树缺硼加重。

（2）矫治 常用土施硼砂、硼酸的方法，因硼砂在冷水中溶解速度很慢，不宜供喷布使用。梨树缺硼，可用0.1%～0.5%的硼酸溶液喷布，效果较好。

第四节 灌水与排水

梨是需水量较多的树种，对水的反应亦比较敏感。我国北方梨区，干旱是主要矛盾之一。春夏干旱，对梨树生长结实影响极大，秋季干旱易引起早落叶，冬季少雪严寒，树易受冻害。据研究测定，梨树每生产1千克干物质需水300～500千克，生产果实30×10^3千克/亩，全年需水（360～600）×10^3千克，相当于360～600毫米降水量。凡降水不足的地区和出现干旱时均应及时灌水，并加强保墒工作。

一、梨的需水规律及灌水时期

1. 需水规律

（1）发芽至开花期，叶幕小，耗水量少，苹果需水较少。

（2）新梢旺长期，叶片数量和叶面积急剧增加，需大量水分，是需水临界期。

（3）花芽形成期，需水量少，过多不利于成花。

（4）果实迅速膨大期，是第二个大量需水的时期，气温高，叶幕厚，果实迅速膨大，需水量大。

（5）果实采收前，水分的需求量减少，不宜供应过多。

（6）休眠期，果树的生命活动降至最低点，根系吸水功能减弱，水分需求少。

2. 梨园灌水时期的确定

梨园灌水应根据果树在不同物候期的需水规律、气候特点和土壤的含水量综合确定，通常包括以下几个时期。

（1）萌芽期　春季果树萌芽抽梢，孕育花蕾，需水较多，且常有春旱，应及时灌溉。时间在3月下旬左右。

（2）花期前后　此时果树生理机能旺盛，新梢生长和幼果发育同时进行，对水分敏感。如水分不足，会使花期提前，且开花集中，花后会造成幼果大量脱落。时间在4月下旬或5月上旬。

（3）果实迅速膨大期　此时枝叶量大，新梢生长迅速，果实快速膨大，是需水量最大的时期，应及时灌水，增大果个，提高产量。但应注意不要灌水过多，否则会影响果实品质。时间在6～7月份。

（4）采后补水　为弥补大量结果而对树体所造成的饥饿状态，亟须补充水分和养分，恢复叶片功能，应结合施有机肥灌足水分，以利于肥料的转化和根系的吸收。此次灌水在采果后进行，多在9月下旬或10月上旬。

（5）封冻水　冬季雨雪较少，不利于苹果和梨的越冬。灌封冻水可提高土壤的温度和湿度，增强树体的越冬能力，还能促进来年的果树发育。

二、确定灌水的依据

当土壤的含水量达到最大持水量的60%～80%时，为最适土壤含水量。土壤含水量可用验土法判断，即用手将土壤紧握成团，若是壤土或沙性土，手松开后土团不易破碎，说明土壤含水量达到最大持水量的50%以上，暂时不必灌水；如手松开后土团散开，

说明土壤含水量过低，应进行灌溉。黏性土握成团后，轻轻挤压便出现裂缝，说明土壤含水量低，应进行灌溉。

干旱时，树体表现为梢尖弯曲，叶片萎蔫。中午观察时，树上的叶片出现萎蔫，经过一个晚上后，第二天叶片仍旧不能恢复，说明已严重缺水，应立即灌水。

三、节约灌水的方法

传统的灌水方法有沟灌、畦灌、盘灌、穴灌等，近年来，许多先进的灌溉技术在梨树上推广应用，如喷灌、滴灌、微喷灌和渗灌等。漫灌耗水量大，易使肥料流失，盐碱地易引起返碱。早春漫灌可降低地温，对萌芽开花不利。有条件的地区应改用喷灌、滴灌，或者采用开沟渗灌。盐碱地宜浅灌不宜深灌和大水漫灌。节约灌水的方法如下。

（1）沟灌　开沟灌水，需水量比漫灌少，对土壤的破坏相对较轻，但仍能传播根部病害。

（2）喷灌　省水、省工，在喷水时可结合喷药和喷肥，对生草制的果园更适用。喷灌需要专门设备，投资较多。

（3）滴灌　比喷灌更节水，可结合土壤用药、用肥，是不破坏土壤结构的一种灌溉方式。但投资较多。适于干旱、缺水果园应用。

（4）微喷灌　简称微喷，将微喷头安装到滴灌系统上，形成微喷灌系统。微喷灌兼有喷灌和滴灌的优点，适宜于生草制果园节水灌溉。

（5）渗灌　这种灌水方式是通过地下埋设专用输水管道和渗管，靠一定高差的水位，水从管壁小孔或毛细孔中慢慢渗出，使其周围土壤达到一定的湿度。渗灌节水效率高，能保持土壤疏松结构，不产生地表径流和蒸发损失，不占耕地，可用于施化肥。

四、排水

位于低洼地、碱地、河谷地及湖、海滩地上的梨园，地下水位较高，雨季易涝，应建立好排水工程体系，做到能灌能排，保证雨季排涝顺畅。

五、梨园水分管理存在的问题

1. 不注意灌水方式

因喷灌、滴灌等节水灌溉投资较多，大多数果园仍旧采用漫灌，造成水资源浪费和土壤板结，还会传播一些根部病害。

2. 不注意保墒和排水

灌水的重要性在生产上已得到普遍认识和重视，但灌水后如何保墒，土壤含水量过高时如何排水却往往被忽视，许多果园在这方面存在欠缺。

第七章 梨树整形修剪

第一节 梨树整形修剪的原理及作用

一、整形、修剪的概念

1. 整形

是指从梨树幼树定植后开始，把每一株树都剪成既符合其生长结果特性，又适应于不同栽植方式、便于田间管理的树形，直到树体的经济寿命结束，这一过程叫整形。

整形包括以下三个方面的内容。

（1）主干高低的确定　主干是指从地面开始到第一主枝的分枝处的高度。主干的高低和树体的生长速度、增粗速度呈反相关关系。栽培生产中，应根据梨园建园地点的土层厚度、土壤肥力、土壤质地、灌溉条件、栽植密度、生长期温度高低、管理水平等方面进行综合考虑。一般情况下，有利于树体生长的因素越多，定干可高些，反之则低些。

（2）骨干枝的数目、长短、间隔距离　骨干枝是指构成树体骨架的大枝（主枝和大的侧枝），选留的原则是在能满足占满空间的前提下，大枝越少越好，修剪上真正做到大枝亮堂堂，小枝闹攘攘。

（3）主枝的伸展方向和开张角度的确定　主枝尽量向行间延伸，避免向株间方向延伸，以免造成郁闭和交叉，主枝的开张角度应根据密度来确定，密度越大，开张角度应该加大，密度小则角度应小，目的是有利于控制树冠的大小。

2. 修剪

修剪就是在整形过程中和完成整形后，为了维持良好的梨树树体结构，使其保持最佳的结果状态，每年都要对树冠内的枝条，冬季适度地进行疏间、短截和回缩，夏季采用拉枝、拿枝、摘心、夏季修剪等技术措施，以便在一定形状的树冠上，使其枝组之间新旧更替，结果不绝，直到树体衰老不能再更新为止，这就叫修剪。

二、整形修剪的目的

梨树整形修剪的目的是为了使果树早结果、早丰产，延长其经济寿命，同时获得优质的果品，提高经济效益，使栽培管理更加方便省工。具体说有以下几点。

1. 通过修剪完成梨树的整形

梨树通过修剪，使其有合理的干高，骨干枝分布均匀，伸展方向和着生角度适宜，主从关系明确，树冠骨架牢固，与栽培方式相适应，为丰产、稳产、优质打下良好的基础。同时通过修剪使树冠整齐一致，每个单株所占的空间相同，能经济地利用土地，并且便于田间的统一管理。

2. 调节生长与结果的关系

梨树生长与结果的矛盾是贯穿于其生命过程中的基本矛盾。从果树开始结果以后，生长与结果多年同时存在，相互制约，对立统一，在一定条件下可以相互转化，修剪主要是应用果树这一生物学特性，对不同树种、不同品种、不同树龄、不同生长势的树，适时、适度地做好这一转化工作，使生长与结果建立起相对的平衡关系。

3. 改善树冠光照状况，加强光合作用

梨树所结果实中，90%～95%的有机物质都来自光合作用，因此要获得高产，必须从增加叶片数量、叶面积系数、延长光合作用时间和提高叶片光合率四个方面入手。整形修剪就是在很大程度上对上述因素发生直接或间接的影响。例如选择适宜的矮、小树冠，合理开张骨干枝角度，适当减少大枝数量，降低树高，拉大层间距，控制好大枝组等，都有利于形成外稀里密、上疏下密、里外透光的良好结构。另外，可以结合枝条变向，调整枝条密度，改善局

部或整体光照状况，从而使叶片光合作用效率提高，有利于成花和提高果实品质。

4. 改善树体营养和水分状况，更新结果枝组，延迟树体衰老

整形修剪对梨树的一切影响，其根本原因都与改变树体内营养物质的产生、运输、分配和利用有直接关系。如重剪能提高枝条中水分含量，促进营养生长，扭梢、环剥可以提高手术部位以上的碳水化合物含量，从而使碳氮比增加，有利于花芽形成。通过对结果枝的更新，做到“树老枝不老”。

总之，整形与修剪可以对梨树产生多方面的影响，不同的修剪方法有不同的反应，因此，必须根据梨树生长结果习性，因势利导，恰当灵活地应用修剪技术，使其在果树生产中发挥积极的作用。

三、修剪对梨树的作用

修剪技术是一个广义的概念，不仅包括修剪，还包括许多作用于枝、芽的技术，如环剥、拉枝、摘心、环刻等技术工作。

整形修剪应可调整树冠结构的形成，果园群体与果树个体以及个体各部分之间的关系。而其主要作用是调节果树生长与结果的关系。

现具体谈一下修剪对幼树和结果树的作用。

1. 修剪对幼树的作用

修剪对幼树的作用可以概括成 8 个字，即整体抑制，局部促进。

（1）局部促进作用　修剪后，可使剪口附近的新梢生长旺盛，叶片大，色泽浓绿。原因有以下几点。

① 修剪后，由于去掉了一部分枝芽，使留下来的分生组织，如芽、枝条等，得到的树体储藏养分相对增多。根系、主干、大枝是储藏营养的器官，修剪时对这些器官没影响，剪掉一部分枝后，使储藏养分与剪后分生组织的比例增大，碳氮比及矿物质元素供给增加，同时根冠比加大，所以新梢生长旺，叶片大。

② 修剪后改变了新梢的含水量。据研究，修剪树的新梢、结

果枝的含水量都有所增加，未结果的幼树水分增加的更多，水分改善的原因，一是根冠比加大，总叶面积相对减少，蒸腾量减少，生长前期最明显；二是水分的输导组织有所改善，因为不同枝条中输导组织不同，导水能力也不同，短枝中有网状和孔状导管，导水力差，剪后短枝减少，全树水分供应可以改善，长枝有环纹或罗纹导管，导水能力强，但上部导水能力差，剪掉枝条上部可以改善水分供应。因此在干旱地区或干旱年份修剪应稍重一些，可以提高果树的抗旱能力。

③ 修剪后枝条中促进生长的激素增加。据测定，修剪后的枝条内细胞激动素的活性比不修剪的高 90%，生长素高 60%，这些激素的增加主要出现在生长季，从而促进新梢的生长。

(2) 整体抑制作用　修剪可以使全树生长受到抑制，表现为总叶面积减少，树冠、根系分布范围减少，修剪越重，抑制作用越明显。其原因，一是修剪剪去了一部分同化养分，1 亩梨树修剪后，剪去纯氮 2.6 千克、磷 0.750 千克、钾 1.9 千克，相当于全年吸收量的 4%～6%，很多碳水化合物被剪掉了；二是修剪时剪掉了大量的生长点，使新梢数量减少，因此叶片减少，碳水化合物合成减少，影响根系的生长，由于根系生长量变小，从而抑制地上部生长；三是伤口的影响，修剪后伤口愈合需要营养物质和水分，对树体有抑制作用，修剪量越大，伤口越多，抑制作用越明显，所以，修剪时应尽量减少或减小伤口面积。

修剪对幼树的抑制作用也因不同地区而有差异，生长季长的地区抑制作用较轻，反之较重。

2. 修剪对成年树的作用

(1) 成年树的特点　成年树的特点是枝条分生级次增多，水分、养分输导能力减弱，加以生长点多，叶面积增加，水分蒸腾量大，水分状况不如幼树。由于大部分养分用于花芽的形成和结果，使营养生长变弱，生长和结果失去平衡，营养不足时，会造成大量落花落果，产量不稳定，果实品质变差。

此外，成年树易形成过量花芽，过多的无效花和幼果白白消耗树体储藏营养，使营养生长减弱，随着树龄增长，树冠内出现秃壳

现象，结果部位外移，坐果率降低，产量和品质降低，抗逆性下降。

（2）修剪的作用　修剪的作用主要表现在以下几方面。

① 通过修剪可以把衰弱的枝条和细弱的结果枝疏掉或更新，改善了分生组织储藏养分的比例，同时配合营养枝短截，这样改善了水分输导状况，增加了营养生长势，起到了更新的作用，使营养枝增多，结果枝减少，光照条件得到改善，所以成年树的修剪更多地表现为促进营养生长，协调生长和结果的平衡关系，因此，连年修剪可以使树体健壮，实现2年丰产的目的。

② 延迟树体衰老　利用修剪经常更新复壮枝组，可防止秃裸，延迟衰老，对衰老树用重回缩修剪配合肥水管理，能使其更新复壮，延长其经济寿命。

③ 提高坐果率，增大果实体积，改善果实品质　这种作用对水肥不足的树更明显。而在水肥充足的树上修剪过重，营养生长过旺，会降低坐果率，果实变小，品质下降。

修剪对成年树的影响时间较长，因为成年树中，树干、根系储藏营养多，对根冠比的平衡需要的时间长。

第二节　梨树整形修剪的依据、时期及方法

一、整形修剪的依据

要搞好梨树的整形修剪必须考虑以下几个因素。

1. 不同品种的特性

品种不同，其生物学特性也不同，如在萌芽率、成枝力、分枝角度、枝条硬度、花芽形成难易、结果枝类型、中心干强弱以及对修剪敏感程度等方面都有差异。因此，根据不同品种的生物学特性，切实采取针对性的整形修剪方法，才能做到因品种科学修剪，发挥其生长结果特点。

2. 树龄和树势

树龄和树势虽为两个因素，但树龄和生长势有着密切的关系，

幼树至结果前期，一般树势旺盛，或枝力强，萌芽率低，而盛果期树生长势中庸或偏弱，萌芽率提高。前者在修剪上应做到小树助大，实行轻剪长放多留枝，多留花芽多结果，并迅速扩大树冠；后者要求大树防老，具体做法是适当重剪，适量结果，稳产优质。但也有特殊情况，成龄大树也有生长势较旺的。当然对于旺树，不管树龄大小，修剪量都要小一些，不过对于大树可采取其他抑制生长措施如环剥或叶面喷施生长抑制剂等。

3. 修剪反应

修剪反应是制订合理修剪方案的依据，也是检验修剪好坏的重要指标。同一种修剪方法，由于枝条生长势有旺有弱，状态有平有直，其反应也截然不同。怎么看修剪反应，要从两个方面考虑：一个是要看局部表现，即剪口、锯口下枝条的生长，成花和结果情况；另一个是看全树的总体表现，是否达到了你所要求的状况，调查过去哪些枝条剪错了，哪些修剪反应较好。因此，果树的生长结果表现就是对修剪反应客观而明确的回答。只有充分了解修剪反应之后，我们再进行修剪就会做到心中有数，做到正确修剪。

4. 自然条件和栽培管理水平

树体在不同的自然条件和管理条件下，果树的生长发育差异很大，因此修剪时应根据具体情况（如年均温度、降雨量、技术条件、肥水条件），分别采用适当的树形和修剪方法。如贫瘠、干旱地区的果园，树势弱、树体小、结果早，应采用小冠树形，定干低一些，骨干枝不宜过多、过长。修剪应偏重些，多截少疏、注意复壮树势，保留结果部位。在肥、水条件好的果园，加之高温、多湿、生长期长，土层深厚，管理水平低的果园，果树发枝多，长势旺，应采用大、中树形，树干也应高一些。并且主枝宜少，层间应大，修剪量要轻，同时加强夏季修剪，促花结果，以果压冠和解决光照。

5. 梨树的栽植方式与整形修剪也有关

密植园的树体矮，树冠宜小，主枝应多而小。注意以果压冠。稀植大冠树的修剪要求则正好相反。

二、修剪的时期

近年来，随着果树管理水平的提高，技术的更新及对修剪认识的深入，对果树的整形修剪越来越引起广大果农的重视。果树一年四季都可进行修剪，但根据年周期的气候特点，果树修剪时期一般分为冬季（休眠期）修剪和夏季（生长期）修剪。

1. 冬季修剪

（1）时期　是指在果树落叶以后到萌芽以前，越冬休眠期进行的修剪，因此也叫休眠期修剪。优点是在这一时期，光合产物已经向下运输，进入大枝、主干及根系中储藏起来，修剪时养分损失少。严寒地区，可在严寒后进行，对于幼旺树，也可在萌芽期修剪，以削弱其生长势。试验表明，幼树在萌芽期修剪提高萌芽率10%～15%。

（2）冬季修剪的主要任务　因年龄时期而定，各有侧重点。

① 幼树期间，主要是完成整形，骨架牢固和扩大树冠。

② 初结果树，主要是培养稳定的结果枝组。

③ 盛果期树修剪主要是维持和复壮树势，更新结果枝组，调整花、叶芽比例。

2. 夏季修剪

又叫生长期修剪，是指树体从萌芽后到落叶前进行的修剪。主要是解决一些冬季修剪不易解决的问题，如对旺长树、对徒长枝的处理，早春抹芽、夏季摘心等，以及环剥、拉枝、拿枝等促花措施。

三、修剪方法

1. 冬季修剪方法

（1）短截　短截（图7-1）就是把一年生枝条剪去一部分，距芽上方0.5～1.0厘米，短截对全枝或全树来讲是削弱作用，但对剪口下芽抽生枝条起促进作用，可以扩大树冠，复壮树势，枝条短截后可以促进侧芽的萌发，分枝增多，新梢停长晚。但碳水化合物积累少，含氮、水分过多。全树短截过多、过重，会造成膛内枝条密集，光照变差。以短果枝结果为主的树种或以顶花芽结果为主的树种，不易形成花芽而延迟结果，旺树短截过多，常引起枝条徒长，影响成花、坐果。短截程度不同，反应也不同。一般短截越重，剪口下新梢生长越旺，短截轻则发枝多。总之，短截的反应是好芽发好枝。

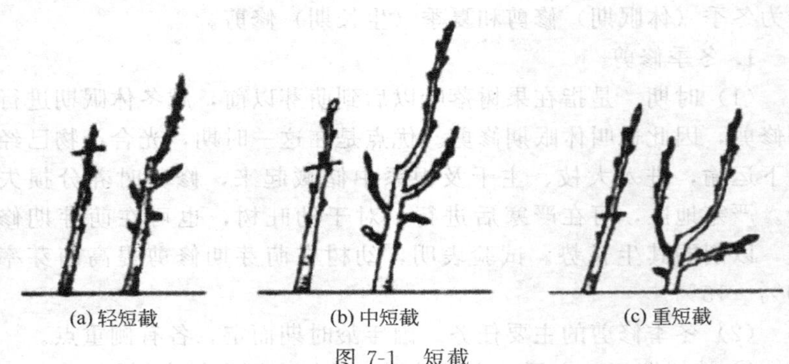

图 7-1　短截

（2）疏间　将过密枝条或大枝从基部去掉的方法叫疏间。疏间一方面去掉了枝条，减少了制造养分的叶片，对全树和被疏间的大枝起削弱作用，减少了树体的总生长量，且疏枝伤口越多，削弱伤口上部枝条生长的作用越大，对总体的生长削弱也越大；另一方面，由于疏枝使树体内的储藏营养集中使用，故也有加强现存枝条生长势的作用。

① 在扩冠期常用的疏间法　主要有疏间直立枝留平斜枝、疏间强枝留弱枝、疏间弱枝留强枝、疏间轮生枝、疏间密挤枝等方法，以利于扩大树冠、平衡树势和提早结果。

② 疏间作用　维持原来的树体结构；改善树冠内膛的光照条件，提高叶片光合效能，增加养分积累，有助于花芽形成和开花结果。

③ 疏枝效果和原则　对全树起削弱作用，从局部来讲，可削弱剪口、锯口以上附近枝条的势力，增强伤口以下枝条的势力。剪口、锯口越大、越多，这种作用越明显；从整体看疏枝对全树的削弱作用的大小，要根据疏枝量和疏枝粗度而定。去强留弱或疏枝量

越多，削弱作用越大，反之，去弱留强，去下留上则削弱作用小，要逐年进行，分批进行。

（3）回缩 对 2 年生以上的枝在分枝处将上部剪掉的方法叫回缩（图 7-2）。此法一般能减少母枝总生长量，促进后部枝条生长和潜伏芽的萌发。回缩越重，对母枝生长抑制作用越大，对后部枝条生长和潜伏芽萌发的促进作用越明显。在生长季节进行回缩，对生长和潜伏芽萌发的促进作用减小。回缩用于控制辅养枝、培养枝组、平衡树势、控制树高和树冠大小、降低株间交叉程度、骨干枝换头、弱树复壮等。另外，对串花枝回缩可以提高坐果率。据河北果树研究所试验，对皇冠梨树串花枝做不同程度的回缩处理，经调查留 1、2、3 个花序的处理枝花朵坐果率分别为 38.2％、26.4％、21.1％。

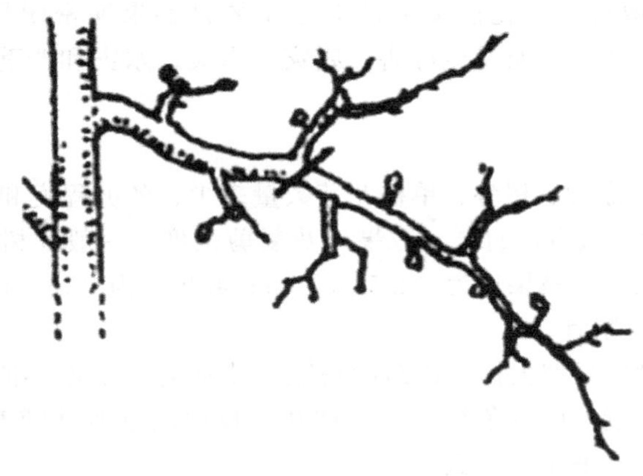

图 7-2 下垂枝组回缩

（4）长放 对 1 年生长枝不剪，任其自然发枝、延伸叫长放或称为甩放、缓放。一般应用于处理梨树的旺幼树或旺枝，可使旺盛生长转变为中庸生长，增加枝量，缓和生长势，促进成花结果。长放平斜旺枝效果较好，长放直立旺枝时，必须压成平斜状才能取得较好的效果。为了多出枝，克服长放枝条下部光秃的现象，迅速缓和生长势，在长放枝上配合刻芽、多道环刻和拉枝等措施效果更好。生长旺的长枝经多年长放成为长放结果枝组后，要通过回缩修剪培养成为长轴的健壮枝组。生长较弱的树或枝进行长放，其表现是越放越弱，不易成花结果，并加速衰弱。

2. 夏季修剪的方法

(1) 花前复剪　就是在春季梨树萌芽后—开花之前对树体进行的修剪。主要目的是通过疏除多余辅养枝、过密枝和细弱枝等，调整枝条、花芽的数量和比例，达到花芽数量适中、质量优良、分布均匀，以减少开花期树体营养消耗，提高坐果率，促进幼果发育，减少疏花、疏果工作量，壮树增产。

① 适宜时期　花前复剪适宜在花芽萌动后至盛花前进行，最适宜时期是花芽膨大至花序分离期，此时花芽显著膨大、现蕾，花序逐渐分离，花芽与叶芽容易准确辨别，进行花前复剪既准确可靠，又方便快捷。

② 复剪对象　花前复剪的对象主要是盛果期密闭果园大树、大小年结果树，以及发生冻害、雹灾、雪灾、水灾和严重落叶病的果园。

③ 技术要点

a. 根据品种、树势、单株花芽数量多少、冬剪程度和预期产量等，确定出花枝/叶枝比、枝/果比及复剪强度。一般壮树花枝和叶枝比为1∶2.5，枝果比为(2.5～3)∶1；叶果比为(15～18)∶1。

b. 因树制宜

(a) 对盛果期大树　以疏除树冠内膛密生、交叉、细弱、直立旺长枝，树冠外围竞争枝、过密枝和主枝层间过渡性辅养枝为主，对腋花芽枝多采用中短截。

(b) 对大年结果树　多留短果枝，多疏腋花芽枝，多短截中、长果枝，对中庸果枝以缓放结果为主；对生长势弱的衰老结果树，多留中庸果枝结果，多疏除弱花枝，多短截中庸壮果枝，适当减少花枝数量。

(c) 对小年结果树　以疏除树冠内膛密生、交叉、细弱、直立旺长枝和树冠外围竞争枝、重叠过密枝为主，多短截中、长发育枝以减少当年成花数量，缓放中短、平斜中庸枝；不疏花枝，见花芽就留。

（2）别枝、拉枝和软化

① 在发芽前后，将 1 年生以上的直立长放旺枝，从基部向下或左右弯曲，别在其他枝下叫别枝；若用绳等牵拉物下拉固定则为拉枝（图 7-3）。两者都能起到增大分枝角度，控制枝条旺长及促进出枝的作用。

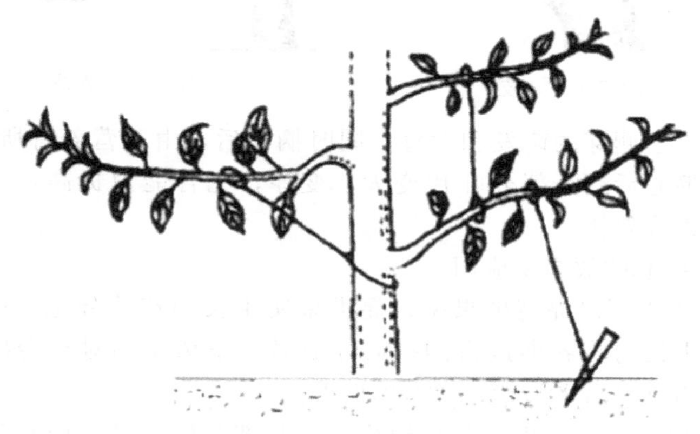

图 7-3 生长季拉枝

② 别枝和拉枝一般于 6～7 月份进行。主枝拉成 80°～90°，辅养枝拉成水平。拉枝有利于降低枝条的顶端优势，提高枝条中下部的萌芽率，增加枝量及中短枝的比例，解决内膛光照及缓和树势、促进花芽形成等作用。

③ 软化 即发芽后对较细的 1、2 年生直立长放枝，用手握住枝条自下而上多次移位并轻度折伤，使之向下或左右弯曲。也可在 6～8 月份对长新梢进行软化，加大角度，控制生长。软化能起到控制旺长和促发分枝的作用。

④ 其他开张角度的方法还有撑枝（图 7-4）、坠枝（图 7-5）等方法。

（3）摘心 即摘掉新梢顶端的生长点。

① 作用机理 是摘心去掉了顶端生长点和幼叶，使新梢内的赤霉素、生长素含量急剧下降，失去了调动营养的中心作用，失去了顶端优势，使同化产物、矿物质元素、水分的侧芽的运输量增

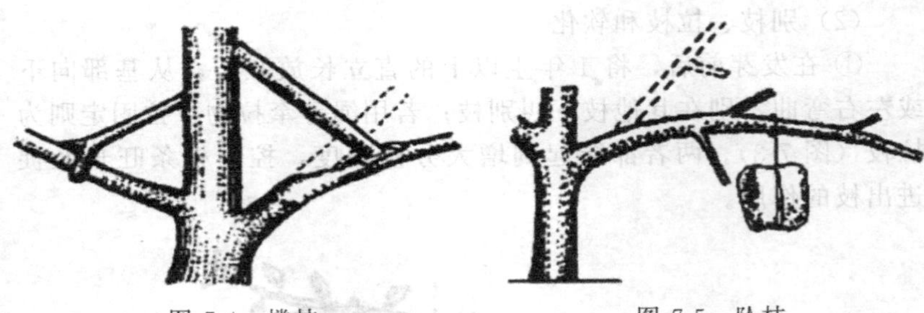

图 7-4 撑枝　　图 7-5 坠枝

加，促进了侧芽的萌发和发育，同时摘心后，由于营养有所积累，因此，摘心后剩余部分叶片变大、变厚，光合能力提高，芽体饱满，枝条成熟快。

② 摘心的效果及应用

a. 摘心可以提高坐果率，促进果实生长和花芽分化，但必须在器官生长的临界期进行的摘心才有效。梨树早期对果台副梢摘心，可明显提高坐果率，增大单果重。

b. 摘心可以促进枝条组织成熟，基部芽体饱满，摘心可在新梢缓和生长期进行，在新梢停长前 15 天效果更明显，可以防止果树由于旺长造成抽条，使果树安全越冬。

c. 摘心可以促使二次梢的萌发，增加分枝级次，有利于加速整形，但只适用于树势旺盛的树，早摘心、重摘心，能达到目的。

d. 摘心可以调节枝条生长势，梨树上对竞争枝进行早摘心，可以促进延长枝的生长，对要控制其生长的枝条，可采用早摘心。

(4) 环割　分为两种形式：一种是主枝或主干环割；另一种是长放枝条的多道环割。

① 主枝或主干环割　在主干或主枝的基部用刀割伤一圈，深达木质部，即为主枝或主干环割。割口愈合需 10 天左右。环割的时期、作用与环剥相同，唯强度较弱，一般品种环割 3 次等于 1 次环剥。此次适用于环剥不易愈合的品种。环割时可根据树势不同，每隔 10 天左右环剥 1 次，根据树势连续环割 3～5 次，即可收到环剥的效果。

② 长放枝条的多道环割　在 1、2 年生长放枝条上，在基部开

始每隔 20 厘米（普通型品种）或 30 厘米（短枝型品种）左右环割一圈，枝条顶部留 35 厘米左右不再割伤，进行多道环割的时期是春季发芽前至新梢开始生长期。多道环割有促进新梢萌发和成花的作用，再加上环割处理，成花效果更显著。

第三节　梨树的整形特点与丰产树形要求

一、梨树的整形特点

1. 梨树萌芽力较强，成枝力较弱

梨树大部分品种的顶、侧芽均能萌发，一般枝条的先端能抽生1～4 个长枝，中下部只能萌发成中、短枝，层性较苹果树明显。

对成枝力和萌芽力均强的品种，修剪时要多疏枝，少短截或轻短截，回缩要轻，全树主枝数应少留；成枝力弱，萌芽力强的品种，应多缓放、轻短截、少疏枝，全树主枝数可适当多留一些。

2. 梨树干性强

梨树干性强，幼树易出现中心干，生长较粗壮，基部枝较细弱，树高明显大于冠幅，影响早期产量。幼树整形修剪时，应控制上强下弱。

3. 梨树枝条停止生长较早，顶芽较饱满，短枝一般无侧芽

梨树枝条停止生长早，多数长、中枝顶芽较饱满，抽枝能力较强，易形顶花芽及腋花芽。梨树短枝节间短，叶腋间常无侧芽，或只有发育很不充实、芽体很小的侧芽，但顶芽很饱满，梨树短枝不能短截，短截后常不萌发而导致枯死。

4. 梨树喜光性强

梨树对光照强度较敏感。一般在 50％以上的光照强度下易形成花芽，光照低于 30％难以成花。树冠郁闭光照不足时，内膛结果枝组易衰弱或枯死。修剪时主枝层间距离要适当大些，以利光照。

5. 梨树枝条较脆，宜在生长期开张角度

幼树枝条较直立，不易开张，盛果期后骨干枝较开展，枝头

易下垂。大部分梨树品种幼树树冠呈圆锥形，影响早期成花与结果，需及早开张主枝角度。但应注意梨幼树主枝角度宜比苹果树小些。达盛果后期，主枝角度增大，先端易下垂，需及时抬高角度。

梨树枝条较脆硬，受重压时，基部易劈裂，开张主侧枝角度，宜在生长期进行。

二、对丰产树形的要求

（1）树冠紧凑，能在有效的空间，有效地增加枝量和叶片面积系数，充分利用光能和地力，发挥果树的生产潜能。

（2）能使梨树整个生命周期的经济效益增加，达到早果、丰产、优质高效、寿命长的目的。

（3）树形要适应当地的自然条件，适应市场对果品质量的要求。

（4）便于果园管理，提高劳动生产率。

三、树体结构的构成

构成树体骨架的因素有树体大小、冠形、干高、骨干枝的延伸方向和数量。

1. 树体大小

（1）树体大的优缺点　树体大可充分利用空间，立体结果，经济寿命长，但成形慢，成形后，枝叶相互遮阴严重，无效空间加大，产量和品质下降，操作费工。

（2）树体小的优缺点　树体小可以密植，提高早期土地利用率，成形快，冠内光照好，果实品质好，但经济寿命短。

2. 冠形

梨树常用树形为疏散分层形、单层一心形、纺锤形。

3. 干高

干高分为高、中、低三种，高干 0.9～1.1 米，中干 0.7～0.9 米，低干 55～70 厘米。低干是现在的发展趋势，低干缩短了根系与树叶的距离，树干养分消耗少，增粗快，枝叶多，树势强，有利

于树体管理，有利于防风，干旱地区利于积雪保湿。

现在生产上一般采取幼树定干时低一些。随着树龄的增加，逐渐去除下层枝，使树干高度逐渐增加。这种方法叫“提干”，果农俗称“脱裙”。栽培生产中应用时效果很好。

主干高度与品种生长特性、立地条件和土肥水管理水平等密切相关，一般以 60～80 厘米为宜，剪口下需有 4～5 个饱满芽，用于培养主枝。

4. 骨干枝数量

主枝和侧枝统称为骨干枝，是养分运输、扩大树冠的器官。原则上在能够满足空间的前提下，骨干枝越少越好，但幼树期过少，短时间内，很难占满空间，早期光能利用率太低，到成龄大树时，骨干枝过多，则会影响通风透光。因此幼树整形时，树小时可多留辅养枝，树大时再疏去。

梨骨干枝配置：第一层主枝和第二层主枝的层间距通常应达到 100 厘米左右，第二层主枝与第三层主枝的层间距需有 60 厘米以上；大型结果枝组一般配置在主枝中部、基部、前部，侧枝和中央领导干上可配置中小型结果枝组；在幼树阶段，中央领导干和主枝上可适当保留部分辅养枝，以弥补枝量不足，提高早期产量，进入盛果期后，应有计划的逐年缩小和疏除辅养枝。

5. 主枝的分枝角度

主枝分枝角度的大小对结果的早晚、产量、品质有很大影响，是整形的关键之一。

角度过小，表现出枝条生长直立，顶端优势强，易造成上强下弱势力，枝量小，树冠郁闭，不易形成花芽，易落果，早期产量低，后期树冠下部易光秃，同时角度太小易形成夹皮角，负载量过大时易劈裂。

角度过大，主枝生长势弱，树冠扩大慢，但光照好，易成花，早期产量高，树体易早衰。

梨主枝开张角度一般以 50°～60°为宜，角度过小，树冠郁闭，通风透光不良，生长势强，花芽形成少；角度过大，生长势缓和，易形成花芽，主枝易衰老。

第四节　梨树的主要树形

梨树的主要树形如下。

1. 疏散分层形或称中冠疏散分层形

适用于株行距 4 米×5 米左右的稀植大冠梨园。

（1）树体结构（图 7-6）　干高 60～80 厘米，树高 4～5 米，全树配备 5～6 个主枝，下层 3 个（或 4 个），上层 2 个；第一层主枝一般配备 3 个侧枝，第一侧枝距主干 40 厘米以上为宜，第二侧枝与第一侧枝相距 40～50 厘米，第三侧枝与第二侧枝对生，距离可增大到 60 厘米以上，但各侧枝之间忌交叉重叠；第二层主枝一般只配备 2 个侧枝，第一侧枝距主干 30～40 厘米为宜，第二侧枝距第一侧枝距离可适度加大；两层主枝之间的距离以 1.2～1.6 米为宜，且每个主枝与主干的角度以 60°～70°为宜。

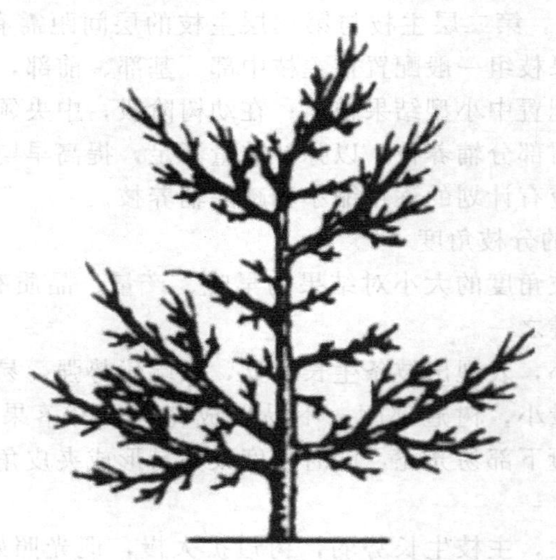

图 7-6　疏散分层形树形

（2）整形过程

① 定植当年：定干高度一般为 80～90 厘米，风速较高地区可降至 60～80 厘米。如是春天定植，成活后需马上定干；如是秋天

定植，亦需定干，只是截留高度可略高些，以免上部芽体风干、抽条；待春季萌芽前再短截至预定高度。整形带内要求5～7个饱满芽，以确保发出足够数量的新梢，供主枝选择之用，否则应对着生位置适当的芽进行"目伤"，以促使其萌发。对于直立生长的品种，需于新梢停止生长后，进行拉枝固定，使其与中心干成60°～70°角即可。

② 第2年冬剪：一般壮苗定干后可抽生5～6个健壮长梢，对顶部壮枝于70～80厘米处短截，以培养中心领导干；对下部枝条选3个或4个着生部位好、轮生的枝条留作主枝，于50厘米左右处短截以促发侧枝，要求以壮芽带头以利尽快成形。对主枝基角尚未达到60°～70°者，需进行拉枝；其余枝条尽量不疏剪，应拉平留作辅养枝使用，并长放促花以增加早期产量。实际操作中对各主枝的短截长度可因枝条的生长势及栽植密度灵活掌握，但一般以不低于40厘米为宜。

③ 第3年冬剪：继续对中心干进行短截，长度以70厘米为宜；第一层主枝延长头的短截长度以40～50厘米为宜，并以壮芽带头，其作用在于促发分枝，培养第二侧枝；并增加枝叶生长量，以利树冠早期成形。中心干上的1年生分枝，原则上不再短截，可用拉枝的方法延缓其生长势，促进花芽形成。

④ 第4年的冬剪：原则上以长放为主。对上部新梢选择两个向行间延伸者于40厘米左右处短截，以培养第二层主枝；对第一层主枝的延长头，弱者可进行适度短截，壮者宜长放。而对一、二层主枝间的枝条，成花多者可进行"齐花剪"；花芽少者可继续长放，以促发短枝和形成花芽。

2. "单层一心"形（倒伞形）

适用于3米×4米左右的密植梨园。

(1) 树体结构（图7-7） 干高60厘米，具有明显的中心干，在中心干的下部错落着生一层主枝，主枝3～4个，层内距30～50厘米，主枝与中心干夹角60°～70°，每个主枝上着生1～2个侧枝，其余为中小枝组。在中心干上不再培养主枝，而是每隔40～50厘米配置一个大型枝组，中心干不要太粗壮，相当于一个主枝的粗度和大小即可，树高在 3.5 米。该树形是原疏散分层形的改良树形，主从分明，可以从幼树培养成形，也适用于作大树改造的树形。

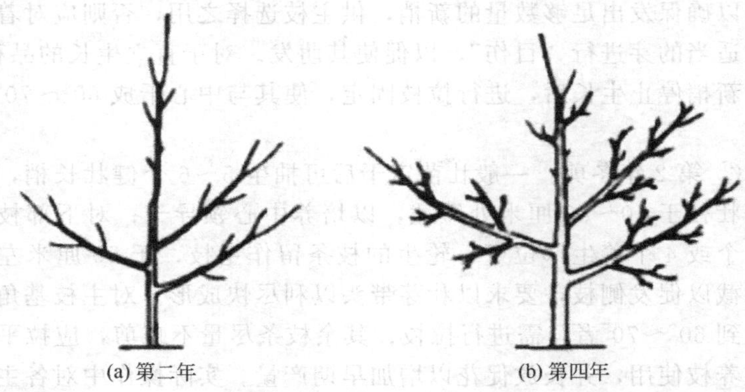

(a) 第二年　　(b) 第四年

图 7-7 单层一心形

（2）整形过程

① 定植当年：定干高度要求 80～90 厘米，整形带内必须留足 5～7 个壮芽。对成枝力弱的品种，尤其是日、韩品种新水、黄金等需进行刻芽。

② 第 2 年修剪：对中心干延长枝条在 80 厘米左右处轻短截，并有选择地（间隔 20 厘米，且着生方向错落）进行刻芽。对基部抽生的枝条，原则上不再进行短截，选 3～4 个方位适宜的枝条，于萌芽前拉成 60°～70°角即可。但对生长势弱，长度不足 60 厘米者，需适度短截，以增强其生长势，尽快成形。

③ 第 3 年修剪：对中心干延长枝不再短截。中心干上第二年短截后抽生的枝条，长放促花即可；但对长势强、角度直立者需进行拉枝（80°～90°）。

上述整形方法拉枝角度大，易于背上萌出徒长枝，需加强抹芽、摘心、扭梢等项夏季修剪工作。

3. 纺锤形

适宜株行距（2～3）米×（3～4）米的密植梨园。

（1）树体结构（图 7-8）　干高 60～70 厘米，树高 3 米左右，在中心干不配备主枝，而是直接培养 12～15 个“小主枝”，且不

分层。每结果枝轴之间的距离以20～30厘米（同侧面枝相距以60厘米）为宜，与中心干的着生角度为70°～80°。主枝上不再配备侧枝，而是直接培养结果枝组，大量结果树势缓和后落头。

图7-8 纺锤形

该树形的优点是主枝或结果枝轴数量多；不分层；无侧枝。具有易操作、成形快、结果早、丰产早等特点，而且因结果枝轴上没有侧枝，树体通透、膛内光照良好，有利于提高果实品质，并对延长结果枝组寿命具有积极意义。但对成枝弱的品种，需做好“目伤”工作，以促发分枝，否则极易因枝轴的数量不够而出现“偏冠”等问题；同时对枝梢直立生长的品种，需做好“拉枝造形”工作。

（2）成形过程

① 第一年 定植后定干，定干高度为80～100厘米，整形带内必须留足6～8个壮芽。对成枝力弱的品种，需进行刻芽。

冬季修剪做法如下。

第一类：长势壮，枝量大，长枝多的幼树。冬季修剪时疏除主干下部距地面55厘米以下的枝条；在55厘米以上的长枝中，选留4～6个长势均衡、方位较好的枝条，其中3～4个为主枝、1～2个为辅养枝，对留下的枝条一律长放，其他的长枝疏除。中心领导干延长枝长势若弱，用下部竞争枝换头，否则应疏除竞争枝。中心领导干延长枝进行短截，剪留长度45～55厘米。

第二类：幼树长势比第一类稍弱，枝量为5～6个，并且长枝少。冬剪时中心领导干延长枝在饱满芽处短截，疏除竞争枝，选择3～4个方位好、长势壮的长枝在饱满芽处进行中短截，以促发长枝；其余中庸枝缓放。

第三类：幼树长势弱，枝量少，并且长枝更少。冬剪时疏除竞争枝，中心领导干延长枝在饱满芽处短截，其余的长枝留 1～1.5 厘米极重短截，促使第二年重新发枝，对角度大的中庸枝缓放。

② 第二年冬剪　萌芽前后拉枝，使各枝处于近水平状态，辅养枝甚至可以下垂，主枝、辅养枝多道环刻。5 月上旬至 6 月上旬主枝、辅养枝上的直立梢进行拧梢，疏除主干上距地面 50 厘米以内的萌蘖；主枝基部背上直立旺梢和过密梢适当疏间，其他壮梢进行扭梢或摘心，扭梢、摘心后再萌发的枝条再扭梢、再摘心。秋季对中央领导干上发出的新梢拿枝软化，使之趋于水平。

③ 第三年冬剪　对上年留下的主枝、辅养枝仍长放，主枝上的过密枝适当疏间，对两侧生长过旺的 1 年生枝要疏除或重短截，中心领导干上再选 3～4 个主枝，1～2 个辅养枝，疏除直立旺枝、竞争枝；中心领导干延长枝留 40～50 厘米短截。

④ 第四、第五年修剪　同上一年方法，主枝数量达到 12～15 个后，不再对中心干短截，长放即可，下一年冬季修剪时在最上面主枝处落头，同时逐年疏除中心干上过多的辅养枝。

第五节　修剪方法

一、枝组的培养

梨树结果枝组的培养主要有“先截后放”和“先放后截”两种。

1. 先截后放

一般用于大中型结果枝组的培养。对发育枝进行短截后使发分枝，长放促花，并对强壮直立枝辅以摘心、拉枝等项技术手段，待成花结果、生长势缓和后再进行回缩，以培养成永久性结果枝组。如疏散分层形侧枝上大中型枝组的培养大都采用“先截后放”的方法。

2. 先放后截

适用于各类枝组的培养。将有扩展空间的发育枝进行长放，待

其结果后，再回缩，一般常用于幼旺树的枝组培养。

另有“连续回缩”培养结果枝组的方法，主要用于对辅养枝的处理——随着树体各主枝或永久性结果枝组的不断发育，辅养枝的发展空间越来越小，可连续回缩，最后培养成大中型结果枝组。而对果台副梢一般采用长放的方法，以培养小型结果枝组。

二、初结果幼树的修剪

一般大部分品种经过3～4年的整形期，已经开始结果，树体的骨架结构已具雏形。以后3～4年的工作重点是对尚有发展空间的主枝或侧枝，轻剪长放，促发分枝，以“先放后缩”的方法继续培养结果枝组。一般不再重短截或短截，以控制冠径的增大，防止株间搭接造成郁闭。此时中心领导干经长放、结果，生长势已趋缓和，可进行“落头”以控制树高，增加内膛光照。一般疏散分层形可于最后一个主枝上方实施“落头”。对其他树形，于小主枝（或结果枝轴）的上方“落头”即可。对已完成树势辅养作用，与主、侧枝发生竞争、重叠的辅养枝要及时疏除，尚有发展空间者可用连年回缩的方法将其培养成大中型结果枝组。

此期的主要任务是培养丰满、稳固的骨架，为今后的高产、优质打下良好的基础。同时，需注意树势的均衡，以免出现“上强下弱”及“偏冠”现象。对不良树形，可采用“疏上养下”“控壮促弱”等技术手段加以纠正。另需注意背上枝的利用与控制，对徒长枝应及早抹芽、摘心或拉枝变向，以免出现“树上树”现象而影响树势均衡，对生长结果造成负面影响。至此期结果，应培养出主从分明、布局合理的理想树形。

三、盛果期的修剪

进入盛果期后，树体结构已基本稳定，产量显著提高，随着枝梢的分枝级次不断递增，枝量进一步增大，易发生树冠郁闭，进而使内膛小枝衰弱，乃至死亡，造成结果部位的外移；同时，由于树势衰缓，短枝量增加，如管理粗放，易因花芽过多、结果超量而造成“大小年”现象，且果实品质明显下降。而梨树的盛果期寿命相当长，一般可达 70～80 年之久，所以此期的修剪与维护是相当重要而漫长的。主要技术措施如下。

1. 疏枝

尽管此时的树体结构已基本稳定，但主干上的大中型枝组和主、侧枝背上的临时枝组的分枝壮大，仍是影响树冠光照、造成郁闭的主要原因，要及时回缩或疏除；而对主枝延长枝“抱头”生长的植株，可实施拉枝、“换头”[以背下弱枝带头及重回缩（至盲芽处）] 等项措施，以达开张角度之目的。

2. 疏外养内

由于梨的极性强，大部分品种多于外围形成中长枝，如不加以控制，随着树冠外围枝量的增加，亦同样会造成树冠郁闭。应对外围过密枝条予以疏除，同时树冠外围不宜配置大型结果枝组，以免因内膛光照不足而形成大量的“无效枝”“无效叶”，造成主枝基部先裸，否则不过数年就会因结果部位外移等问题，刚刚进入盛果期即需进行“大树改造”。

3. 枝组更新复壮

对长放过久、延伸过长、长势衰弱的大、中型结果枝组要及时回缩至壮枝处。如进行短截需以壮芽带头，以增强其长势，维持良好的结果能力。在大中型枝组稳固、健壮的基础上，修剪的重点应放在小型结果枝组上，因为小枝组是大中型枝组的组成成员，是最基本的结果单元，对其修剪与维护的质量直接影响着整个植株的结果能力及树势的均衡，是连年高产、优质的重中之重，所以应予以足够的重视。总体的修剪原则是留壮枝、壮芽，以确保良好的生长势，并利于果实品质的提高；对短果枝群抽生的果台副梢，应去弱留强，并遵循“逢三去一”原则，以免造成重叠、交叉；结果过多、长势衰弱（叶片数少于 4 个）、不能形成发育良好的花芽者，必须及时回缩，下垂枝要上芽带头、回缩复壮。一般每个短果枝群留 4～6 个壮枝即可，并结合疏花疏果使之半数结果、半数长放，如此交替结果，即可达到连年丰产稳产之目的。对单轴延伸的枝组可采用“齐花剪”，防止过度伸长，以保持健壮的生长势；不能形成花芽或花芽质量不佳时，要回缩至壮芽，如无壮芽可于基部瘪芽

处疏除，以促发新梢，然后用“先放后缩”的方法，培养新的结果枝组。

小型结果枝组虽然数量大、好成花、易管理，但同时易衰老。在不影响当年产量基础上修剪量稍大为宜。而且在小枝组的培养上应不拘谨于形式，以“有空就留”为原则，只有这样才能在枝组更新时得心应手，同时也是充实树冠内膛，防止结果部位外移的有效措施。

第六节 梨树整形修剪技术的创新点

一、注意调节各部位生长势之间的平衡关系

每一株树，都由许多大枝和小枝、粗枝和细枝、壮枝和弱枝组成，而且有一定的高度，因此，我们在进行修剪时，要特别注意调节树体枝、条之间生长势的平衡关系，避免形成偏冠、结构失调、树形改变、结果部位外移、内膛秃裸等现象。具体要从三个方面入手。

1. 上下平衡

在同一株树上，上下都有枝条，但由于上部的枝条光照充足、通风透光条件好，枝龄小，加之顶端优势的影响，生长势会越来越强；而下部的枝条，光照不足，开张角度大，枝龄大，生长势会越来越弱，如果修剪时不注意调节这些问题，久而久之，会造成上强下弱树势，结果部位上移，出现上大下小现象。给果树管理造成很大困难，果实品质和产量下降，严重时会影响果树的寿命。整形修剪时，一定要采取控上促下，抑制上部、扶持下部，上小下大，上稀下密的修剪方法和原则，达到树势上下平衡，上下结果，通风透光，延长树体寿命，提高产量和品质的目的。

2. 里外平衡

生长在同一个大枝上的枝条，有里外之分。内部枝条见光不足，结果早，枝条年龄大，生长势逐渐衰弱；外部枝条见光好，有顶端优势，枝龄小，没有结果，生长势越来越强，如果不加以控

制，任其发展，会造成内膛结果枝干枯死亡，结果部位外移，外部枝条过多、过密，造成果园郁闭。修剪时，要注意外部枝条去强留弱、去大留小、多疏枝、少长放；内部枝去弱留强、少疏多留、及时更新复壮结果枝组，达到外稀里密，里外结果，通风透光，树冠紧凑的目的。

3. 相邻平衡

中心领导干上分布的主枝较多，开张角度有大有小，生长势有强有弱，粗度差异大。如果任其生长，结果会造成大吃小、强欺弱、高压低、粗挤细的现象，影响树体均衡生长，造成树干偏移、偏冠、倒伏、郁闭等不良现象，给管理带来很大麻烦。修剪时，要注意及时解决这一问题，通过控制每个主枝上枝条的数量和主枝的角度两个方面，来达到相邻主枝之间的平衡关系，使其尽量一致或接近，达到一种动态的平衡关系。具体做法是粗枝多疏枝、细枝多留枝；壮枝开角度、多留果，弱枝抬角度、少留果。坚持常年调整，保持相邻主枝平衡，树冠整齐一致，每个单株占地面积相同，大小、高矮一致。便于管理，为丰产、稳产、优质打下牢固的骨架基础。

二、整形与修剪技术水平没有最高，只有更高

我们在果园栽植的每一棵树，在其生长、发育、结果过程中，与大自然提供的环境条件和人类供给的条件密不可分。环境因素很多，也很复杂，包括土壤质地、土壤肥力、土层厚薄、温度高低、光照强弱、空气湿度、降雨量、海拔高度、灌排水条件、灾害天气等。人为影响因素也很多，包括施肥量、施肥种类、要求产量高低，以及果实大小、色泽、栽植密度等，还有很多很多，上述因素，都对整形和修剪方案的制订，修剪效果的好坏，修剪的正确与否等产生直接或间接的影响，而且这些影响有时当年就能表现出来，有些影响要几年、甚至多年以后才能表现出来。举一个例子说明修剪的复杂性和多变性，我们国家 20 世纪 60 年代末期，在北京南郊的一个丰产梨园举行果树冬季修剪比武大赛，要求有苹果树栽植的省、市各派两个修剪高手参加，每个人修剪 5 棵树，1 年后，根据树体当年的生长情况和产量、品质等多方面的表现，综合打

分，结果是北京选手得了第一名和第二名，其他各地选手都不及格。难道其他的选手修剪技术水平差吗？绝对不是，而是他们不了解北京的气候条件和管理方法，只是照搬照抄各自当地的修剪方法。导致这一结果。这个例子充分说明一件事，果树的修剪方法必须和当地的环境条件及人为管理因素等联系起来，综合运用，才能达到理想的效果。所以说，修剪技术没有最高，而是必须充分考虑多方面的因素对果树产生的影响，才能制定出更合理的修剪方法。不要总迷信别人修剪技术高，我们常说“谁的树谁会剪”就是这个道理。

三、修剪不是万能的

果树的科学修剪只是达到果树管理丰产、优质和高效的一个方面，不要片面夸大修剪的作用，把修剪想得很神秘，搞得很复杂，有些人片面地认为，修剪搞好了，所有问题就都解决了，修剪不好，其他管理都没有用，这是完全错误的想法。只有把科学的土肥水管理，合理的花果管理，综合的病虫害防治等方面的工作和合理的修剪技术有机地结合起来，才能真正把果树管好了。一好不算好，很多好加起来才是最好。对于果树修剪来说，就是这个道理。

四、一年四季都可以进行

果树修剪是指果树地上部一切技术措施的统称，包括冬季修剪的短截、疏枝、回缩、长放；也包括春季的花前复剪、夏季的扭梢、摘心、环剥；秋季的拉枝等技术措施。有些地方的果农朋友只搞冬季修剪，而生长季节让果树随便长，到了第二年冬季又把新长的枝条大部分剪下来。这种做法的错误是一方面影响了产量和品质（把大量光合产物白白地浪费了，没有变成花芽和果实）；另一方面浪费了大量的人力和财力（买肥、施肥）。果农朋友们，这种只进行冬季修剪的做法已经落后了，当前最先进的果树修剪技术是加强生长季节的修剪工作，把冬季修剪仅作为补充，谁的果树做到冬季不用修剪，谁的技术水平更高。果树不同时期的修剪要点总结成4句话：冬季调结构（去大枝），春季调花量（花前复剪），夏季调光照（去徒长枝、扭梢、摘心），秋季调角度（拉枝、捋枝）。

第八章 花果管理

第一节 促进授粉，提高坐果率

一、采花制粉

花粉最好取自适宜的授粉品种，也可应用多个品种的混合花粉。采集鲜花，采花数量与品种出粉量、授粉面积有关。一般每1千克鲜花为4000～5000朵，可采鲜花药130～150克，干燥后可出带花药壁的干花粉20～40克（纯干花粉约10克）。但不同品种的出粉量不同，雪花梨、黄县长把梨等品种出粉量高，苍溪梨、晚三吉梨、伏茄梨等品种出粉量低。生产经验表明，15克带药壁的干花粉（或5克纯花粉）可供生产3000～4000千克梨果的花朵授粉。实际应用时，可根据这一数字与品种出粉量，决定采花数量。

成熟花粉粒在花朵盛开前10天左右就已形成，但采花过早花粉粒不充实，发芽率低，到开花前2～3天采集花朵花粉发芽率才较高；采花过晚，花朵开放后6～7小时花药就开裂散粉了。采粉以在开花前1～2天采摘花蕾为宜，此时花蕾状态为铃铛花（俗称中气球期至大气球期）。花蕾采下后取下花药，摊放在有光纸上，置于温度20～25℃、湿度50%～70%的室内，22～24小时即可散出花粉。干燥的花粉如不立即使用，可装入试管密封，置于干燥器内，保存在2～8℃的低温黑暗环境中。

二、人工授粉

1. 授粉时间

八核胚囊于花朵开放时才成熟，开放6～7小时后柱头出现黏

液，并可保持30小时左右。所以开花当天及次日授粉效果最好，开花超过3～4天以后授粉，坐果率逐渐降低，且果实变小。

授粉后2小时，部分花粉管进入花柱，降雨基本不影响授粉效果。但在授粉后2小时内降雨，不仅流失部分花粉（20%～50%），还会使花粉粒破裂，丧失发芽力，应重新授粉。

2. 授粉方法

（1）点授　用授粉器蘸花粉后直接涂抹柱头。授粉器可用毛笔、报纸卷成的纸棒（粗度4～5毫米，一头磨出毛边），或用鸡的软绒毛、棉花做成的小团（绑于小棍上）。为节约花粉，应加填充剂，花粉发芽率在80%以上的带药壁花粉加4倍（以体积计）填充剂，发芽率在50%～60%的加2倍填充剂，发芽率低于30%的不加填充剂。填充剂可用滑石粉、淀粉、脱脂奶粉、葡萄糖等。授粉时，花量大的树每花序点授1～2个基部花朵，花量小的树每花序点授2～3朵。人工点授在所有授粉方法中效果最好，但较费工。

（2）掸授法　在竹竿上绑一草把，外包白毛巾呈掸子状，于盛花期在授粉品种和主栽品种之间交替滚动，可达到授粉目的，最好在盛花期掸授2次。此法简单易行，速度快，适于品种搭配合理的梨园。

（3）液体喷雾授粉　在10千克水中加入花粉20克、尿素30克、砂糖500克、硼砂10克，用超低容量喷雾器喷洒，为防止花粉发芽，配好后在2小时内喷完。

三、利用昆虫传粉

花期在梨园中放养蜜蜂和释放日本角额壁蜂有良好的授粉效果。

在梨树花朵初开期，将蜜蜂或其他传粉昆虫移入园内，使其通过飞访花朵传粉。此种方法只能在有一定比例授粉树的梨园中应用。利用蜜蜂传粉时，1500～2000头的蜂箱可保证5000米^{2}面积的梨树授粉，蜜蜂活动范围为40～80米。

用从日本引进的角额壁蜂进行传粉，坐果效果比蜜蜂好，不需要人工饲养。角额壁蜂耐低温，在气温13～14℃时开始飞行访花，需要用泥筑巢，要求有水的条件（或人工设置泥土）。

第二节 花期防霜

华北一些地区，梨树的开花期多在终霜期以前，生产上常因花期霜冻造成减产。

预防霜冻的方法如下。

（1）早春灌水、发芽前灌水或发芽前树冠喷水、树冠喷白（10%石灰液），均可延迟开花3～5天。

（2）熏烟法　熏烟材料以刨花、锯末及落叶、作物秸秆为主，熏烟以减少地面热量的散发，提高地温，同时烟雾的颗粒物可吸收水分，提高气温。

于天气预报有霜冻之夜，尤其是天气晴朗的后半夜，在梨园守候，待温度骤降至0℃时及时点火、熏烟，程度以不冒火只发烟为宜。可用埋土的方法加以控制。柴堆以“上风头”位置为佳，以便烟雾借风势迅速弥漫全园，减少为害。一般熏烟1小时即可增高气温1.1～1.5℃。

熏烟法对环境不利，在不确定有霜冻的情况下，应慎重使用。

第三节 疏花疏果

一、疏花

1. 疏花时期

应从冬季修剪留花芽时开始。花芽量过多时，应疏弱留壮，少留腋花芽。当花枝超过总枝量的50%时应用，低于50%时只进行疏果。

2. 疏花方法

疏花时，将整个花序去掉，以促进该果台的果台枝形成花芽。疏花后留下的花枝数应占总枝量的30%～40%，留下的花序不再疏花，待坐果后疏果。操作时，疏去衰弱和病虫为害的花序及坐果

后果实易与枝叶摩擦的花序，然后按预留果数，疏去过密的花序。

留花要力求分布均匀，内膛、外围可少留，树冠中部应多留；叶多而大的壮枝多留，弱枝少留；光照良好的区域多留，阴暗部位少留。

二、疏果

1．疏果时期

花期过后7～10天，未授粉的花落掉，即可开始疏果。一般在5月上旬开始，最好在25天内疏完，要一次疏果到位。

疏果的原则是树势壮、土壤肥力水平较高者可多留，反之要少留。

2．疏果方法

(1) 果实负载量法　据单果重算出单株留果数量，然后再加上10%～15%保险系数。如鸭梨计划生产果实45000千克/公顷，可留果270000个左右。然后平均到每株所需果数，再根据树体大小和树势进行调整。

(2) 叶果比法　盛果期梨树，中、大果型品种18～20个叶片留一果，小果型品种15个叶片留一果。

(3) 枝果比法　即枝条与果实数量之比。一般枝果比是(2.5～3.0)：1。

3．果实间距法

中型和大型果每序均留单果，果实间距为20～25厘米。中、大型果每花序留基部第一和第二序位果；留果形长、萼端突出的果，疏去球形果、歪形果和小果；留枝条下方位和侧方位的果，疏枝条背上的果；留有果台枝的果，去除无果台枝的果。

4．化学疏花疏果

梨疏花疏果的药剂有石硫合剂、乙烯利、萘乙酸类等。

(1) 石硫合剂　用作疏花剂，药物灼伤柱头或遮蔽柱头，抑制花粉发芽和花粉管生长，阻止受精而使花朵脱落。使用石硫合剂疏花，必须喷到柱头上才有效，对于花粉管已达到花柱基部甚至进入子房的花朵，无疏除效应。

鸭梨初花期喷施0.3波美度石硫合剂或盛花期喷施0.5波美度

石硫合剂，均有较好的疏花效果。盛花期施药效果更好。

（2）乙烯利（CEPA） 是疏花疏果剂，其进入植物体后释放乙烯，降低生长素含量，诱导脱落酸产生而导致花果脱落。鸭梨盛花后14天喷布（200～250毫克/升）有明显疏除效果。不同树种、树龄、树势对乙烯利的敏感程度不同，易出现药效不稳定，应用时要特别注意。

（3）萘乙酸类 萘乙酸类也有疏花疏果效果。北京农业大学用萘乙酸钠400毫克/千克溶液于盛花期喷鸭梨，萘乙酰氨（NAD）150～300毫克/千克溶液于盛花后10～30天喷鸭梨均有较好的疏果作用，对洋梨也有效果。

第四节 果实套袋

一、果实套袋的作用

1. 改善果实外观品质

果实套袋可明显改善果实外观品质，成熟果实的果点和锈斑颜色变浅、面积变小，果面蜡质增厚，叶绿素减少，果皮细嫩、光洁、淡雅；套袋能改善果实肉质，使果实石细胞团小而少，从而肉质口感细腻；通过选择不同质地和透光度的果袋，还可以改变果品的皮色。

2. 病虫发病率低

套袋果实果面蜡质厚，果点小，储藏期间失水少，果实黑心病发病率低，果实表面病菌侵染少，虫害极少，且机械伤害少，从而显著增强果实耐储性。

3. 生产安全果品

套袋后农药、烟尘和杂菌不易进入袋内，降低果实有害污染，生产出安全果品。

二、果袋选择

生产上的纸袋种类繁多，具体选择哪种纸袋、规格，应视主栽

品种、生产效果及经济情况而定。河北农业大学的试验结果表明，从纸袋对果实品质的影响、成本造价等方面综合考虑，生产上以采用全木浆黄色单层袋和内层为黑色、外层为黄色的双层纸袋为宜。

三、套袋时期

疏果完成后即可进行，一般在盛花后 30 天，河北省梨产区的鸭梨，一般要求 5 月底完成套袋，雪花梨套袋时间可适当推迟。套袋早晚对果品外观质量影响较大，过晚果点变大、锈斑面积增大，过早影响幼果膨大。

四、套袋方法

选定梨果后，先撑开袋口，托起袋底，用手或吹气令袋体膨胀，使袋底两角的通气放水口张开，然后，手执袋口下 2～3 厘米处，套上果实，从中间向两侧依次按折扇的方式折叠袋口，然后于袋口下方 2 厘米处将袋口绑紧，果实袋应捆绑在果柄上部，使果实在袋内悬空，防止袋纸贴近果皮而造成磨伤或日灼。绑口时切勿把袋口绑成喇叭口状，以免害虫入袋和过多的药液流入袋内污染果面。

五、套袋及套袋后管理

（1）套袋前喷布杀虫杀菌剂，一次喷药可套袋 3～5 天，分期用药，分期套袋，以免将害虫套入果袋内。

（2）套袋后每隔 10 天要随机解袋检查，及时检查有无黄粉虫、梨木虱、康氏粉蚧等害虫进入袋内，发现后立即采取措施。根据防治经验，当发现黄粉虫入袋以后，以 80％的敌敌畏 1000 倍液连续喷 2～3 次，并将纸袋全部喷湿喷透，可将袋内的虫体熏蒸至死。

（3）套袋果含糖量下降，易引起果实缺硼、缺钙，应注意增施有机肥、磷钾肥；生长后期不使用氮肥，不大水灌溉；采收前喷 2～3 次磷酸二氢钾，以提高套袋梨的可溶性固形物的含量。

（4）套袋结束后立即喷施杀虫剂，主治黄粉虫、康氏粉蚧和梨木虱，果实生长期内要间隔 15 天左右用药。

第五节 果实的采收、包装及运输

一、采收期

适期采收就是在果实进入成熟阶段后，根据果实采后的用途，在适当的成熟度采收，易达到最好的效果。

1. 梨果的成熟度

梨果的成熟度大致可分为三种。

（1）可采成熟度　此时果实的物质积累过程已基本完成，开始出现本品种固有的色泽和风味，果实体积和重量不再明显增长，此时果肉较硬，食用品质较差，但储藏性良好，适于长期储藏或远销外地。

（2）食用成熟度　此时果内积累的物质已适度转化，呈现本品种固有的风味，果肉也适度变软，食用品质最好，但耐储性有所下降，适用于及时上市销售、加工或短期储藏。

（3）生理成熟度　此时种子已充分成熟，果肉明显变软，食用品质明显降低，果实开始自然脱落，除用于采集种子外，不适用于其他用途。

2. 果实成熟度的鉴别方法

判断梨果实成熟度的常用方法有以下几种。

（1）果皮颜色　适用于非褐色品种。成熟前果实的表皮细胞内含有较多叶绿素而呈绿色。随果实成熟，叶绿素逐渐分降而显现出类胡萝卜素的黄色，果色则逐渐变浅、变黄。一般果皮颜色变为黄绿色时即为可采成熟度，绿黄色时为食用成熟度。

（2）种皮颜色　果实成熟前梨种皮的颜色为白色，随果实成熟种皮颜色逐渐变褐，并不断加深，可作为判断成熟度的指标。如鸭梨可将种皮颜色分为4级，即白色为1级，浅褐色为2级，褐色为3级，深褐色为4级。每次采有代表性的果实3～5个，取出其种子观察计算，当平均色级达到2.3时即为可采成熟度。

（3）果肉硬度　梨果肉的硬度大小主要取决于细胞间层原果胶

的多少。果实未成熟时，原果胶含量较多，果肉硬度较大。随着果实开始成熟，原果胶逐渐水解而减少，果肉硬度逐渐变小。定期测定果肉硬度可作为判断果实成熟度的指标。不同品种果实的果肉硬度大小不同，在成熟时都有各自相对固定的范围。如鸭梨可采成熟度时硬度为7.2～7.7千克/厘米^2，砀山酥梨为7.7～8.7千克/厘米^2，茌梨为7.5～7.9千克/厘米^2。

(4) 果实生长时间　在正常气候条件情况下，某一品种在特定的地区，从盛花期到果实成熟，所需的天数相对稳定，可用来预定采收日期。如河北石家庄地区鸭梨为155～160天，雪花梨为145～150天；辽宁兴城早酥梨为94天，锦丰梨为142天；山东莱阳，茌梨约为155天。

二、采收方法

果实采收应做好必要的准备和安排，如采果篮，盛果用的果箱、果筐等包装用品，摘果用的高梯、凳，转运果品用的小车等。

梨果实含水量高，皮薄，肉质脆嫩，极易造成伤害，采收过程中需认真保护。摘果时，先用手掌托住果实，拇指和食指捏住果柄，轻轻一抬，使果柄与果台自然脱离。切不可强拉硬扯，以防碰伤果柄。

避开阴雨天气和露水未干时进行果实采收。因为这时果皮细胞膨压较大，果皮较脆，容易造成伤害；同时果面潮湿，果实易腐烂和污染果面。还应避开中午高温时摘果，果温较高，采后堆在一起不易散热，对储藏不利。

采收过程应多用梯、凳，少上树，先外围、后内膛，先下部、后上部的顺序依次采摘，尽量减少对树体的伤害、碰伤果实。

三、果实的分级、包装和运输

1. 分级

梨果分级是在果实内在及外观品质符合要求的基础上，再按果实大小（重量）划分成若干个等级（规格）。各品种果实的分级标准由国家或地方有关部门统一制定执行，也可按产销合同规定的标准执行。

2. 包装

梨果包装容器广泛采用瓦楞纸箱，箱内设有纸板格，每格放 1 个或 2 个果实，层间设有纸隔板，以防果实挤伤、硌伤。装箱时用包果纸包住果实，可进一步加强对果实的保护作用，减少果实失水和防止病害蔓延。包纸后再套上泡沫塑料网套，保护效果更好。

3. 运输

运输过程注意快装快运、轻装轻卸、防颠防振、防热防冻等。

第九章　高接换优

第一节　高接时期

梨树高接一般采用硬枝嫁接，嫁接时期在树体萌芽前后，嫁接用的接穗一定要在休眠期采集，并于低温处保湿储藏，务使接穗上的芽不萌发。夏季采用普通芽接法，于7月中旬至8月中旬进行。

第二节　高接树的处理

根据树体大小，对骨干枝进行接前修剪，尽量保持原树体骨干枝的分布，保持改接后的树冠圆满和各级之间的从属关系，一般中心领导干截留在2米以内。骨干枝枝头接口的直径以2～4厘米为宜，侧枝或大枝组的接口直径以1～3厘米为宜。同侧枝组间距50～60厘米。如果原树体结构或骨干枝分布不合理，在高接前应进行树体改造，使之形成合理的结构。

中心领导干上的辅养枝，高接时可保留1～2个。侧枝或枝组接口应距枝轴5～15厘米。目前，高接时将树体改造成开心形的为多。

第三节　嫁　　接

1. 接穗处理

春季嫁接用的接穗一般保留1～2芽，接穗剪截后应用蜡封以保持湿度。在接穗珍贵时，每穗可仅用两芽，嫁接时随接随剪取，但在接前需将整个接穗的基部浸于水中充分吸水。

2. 嫁接方法

硬枝高接的方法有插皮接、皮下腹接、切接、腹接、劈接、带木质部芽接。接口绑缚质量是高接成活的关键。河北省高接梨树时，接穗留两芽，接口用地膜绑缚，接穗的顶端以一层薄膜套严，接口处绑紧，使接口不漏风，接穗成活后新芽能顶破薄膜，不影响生长。

3. 高接换头数量

每株树上接头的数量与树体大小、树体结构有关，一般 5～10 年生树接头数有 15～45 个，盛果期大树接头数有 45～120 个。

第四节　接后管理

1. 除萌蘖

对已高接成活的砧树上萌生的原品种的枝条应及时抹除，未成活接穗附近留 1～2 个萌蘖枝留作补接用。

2. 补接

对未成活的接头要采用芽接或枝接方法进行补接。

3. 绑立支柱

当接芽新梢长到 40～50 厘米时，应绑立支柱，以防风折或机械、人为碰折。

4. 加强管理

除骨干枝延长新梢外，其他新梢应在长到 30 厘米左右时摘心，促使快成形、早结果。

第十章　梨树病虫害综合防治技术

第一节　果树病害的发生与侵染

一、果树病害的发生

1. 发生原因

能够引起果树病害的因素可分为生物因素和非生物因素两大类。

（1）生物因素　生物病原主要有真菌、细菌、病毒和类病毒、线虫、寄生性种子植物五大类。其中真菌和细菌统称为病原菌，由生物因素导致的病害称为传（侵）染性病害。

（2）非生物因素　非生物因素包括极端温度（温度过高或过低）、极端光照（日照不足或过强）、极端土壤水分、营养物质的缺乏或过多、空气中有害气体、土壤过酸或过碱、缺素或过剩、农药使用不当、化肥使用不当和植物生长调节剂使用过多等。非生物因素导致的病害称为非传（侵）染性病害，又称生理性病害。

2. 果树发病的条件

病害的发生需要病原、寄主和环境条件的协同作用。

环境条件本身可引起非侵染性病害，同时又是侵染性病害的重要诱因，非侵染性病害降低寄主植物的生活力，促进侵染性病害的发生；侵染性病害也削弱寄主植物对非侵染性病害的抵抗力，促进非侵染性病害的发生。

二、果树病害的病状

果树病害的病状主要分为变色、坏死、腐烂、萎蔫、畸形 5 个类型。

1. 变色

植物生病后局部或全株失去正常的颜色称为变色。变色主要由于叶绿素或叶绿体受到抑制或破坏，色素比例失调造成的。变色主要发生在叶片、花及果实上。

（1）褪绿　整个叶片或其中一部分均匀地变色。由于叶绿素的减少而使叶片表现为浅绿色。

（2）黄化　当叶绿素的量减少到一定程度时就表现为黄化。

（3）紫叶或红叶　整个或部分叶片变为紫色或红色。

（4）花叶　叶片颜色不均匀变化，界限较明显，呈绿色与黄色或黄白色相间的杂色叶片。

（5）花脸　果实上颜色不正常变化时，多形成花脸。

2. 坏死

即器官局部细胞组织死亡，但仍可分辨原有组织的轮廓。

（1）叶斑　叶上局部组织死亡，坏死部分比较局限，轮廓清晰，有比较固定的形状和大小。据坏死斑点形状，分为圆斑、角斑、条斑、环斑、轮纹斑、不规则形斑等；据坏死斑点颜色，分为灰斑、褐斑、黑斑、黄斑、红斑、锈斑等。

（2）叶枯　叶片上出现较大范围死亡，坏死区没有固定的形状和大小，可蔓延至全叶。

（3）叶烧　水孔较多的部位如叶尖和叶缘枯死。

（4）炭疽　叶片和果实局部坏死，病部凹陷，上面常有小黑点。

（5）疮痂和溃疡　病斑表面粗糙甚至木栓化。病部较浅、中部稍突起的称为疮痂；病部较深（如在叶上常穿透叶片正反面）、中部稍凹陷，周围组织增生和木栓化的称为溃疡。

（6）顶死（梢枯）　木本植物枝条从顶端向下枯死。

（7）立枯和猝倒　立枯和猝倒主要发生在幼苗期，幼苗近土表的茎组织坏死。整株直立枯死的称为立枯；突然倒伏死亡的称为猝倒。

3. 腐烂

植物器官大面积坏死崩溃，看不出原有组织的轮廓。果树的

根、茎、叶、花、果都可发生腐烂，幼嫩或多肉组织则更容易发生。

（1）干腐　细胞坏死所致。腐烂发生较慢或病组织含水量低，水分可以及时挥发。

（2）湿腐　细胞坏死所致。腐烂发生较快或病组织含水量高，水分不能及时挥发。

（3）软腐　胞间层果胶溶化，细胞离析，消解。

（4）流胶　局部受害流出细胞组织分解产物。

根据腐烂发生的部位，可分为根腐、茎（干）腐、果腐、花腐、叶腐等。

4．萎蔫

植物地上部分因得不到足够的水分，细胞失去正常的膨压而萎垂枯死。病害所致的萎蔫原因有水分的吸收和输导机能受到破坏，如根部坏死腐烂、茎基部坏死腐烂、导管堵塞或丧失输水机能等。水分散失过快所致，如高温或气孔不正常开放加快蒸腾作用也可导致萎蔫。

5．畸形

果树的外部形态因病而呈现的不正常表现称为“畸形”。果树病害的畸形主要有丛枝、扁枝、发根、皱缩、卷叶、缩叶、瘤肿、纤叶、小叶、缩果等。

三、果树病害的病征

病症种类很多，见表10-1。

（1）粉状物　病原真菌在病部表面呈现出的各种粉状结构。常见的有白粉状物、红粉状物等。

（2）霉状物　病原真菌在病部表面呈现出的各种霉状物，常见的有霜霉、黑霉、灰霉、青霉、绵霉等。

（3）粒状物　病原真菌附着在病部表面的球形或近球形颗粒状结构，多为黑褐色。

（4）点状物　病原真菌从病部表皮下生长出来的黑褐色至黑色的小点状结构，突破或不突破表皮。

表 10-1 病征种类

病征类型	病原生物种类				
	真核菌	细菌	病毒	线虫	寄生性种子植物
粉状物	+	−	−	−	−
霉状物	+	−	−	−	−
粒状物	+	−	−	+	−
点状物	+	−	−	+	−
盘状物	+	−	−	−	−
索状物	+	−	−	−	+
脓状物	−	+	−	−	−

注："+"表示有，"−"表示无。

（5）索状物　病原真菌附着在病部表面的绳索状结构，颜色变化较大。

（6）角状物及丝状物　从点状物上长出来的角状或丝状结构。单生或丛生，多为黄色至黄褐色，如各种果树的腐烂病等。

（7）伞状物及马蹄状物　病原真菌从病根或病枝干上长出的伞状或马蹄状结构，常有多种颜色，如果树根朽病、木腐病等

（8）管状物　从病斑上生出的长 5～6 毫米的黄褐色细管状结构。

（9）脓状物　从病斑内部溢出的病原物黏液。有的为细菌性病害的特有病征，称为"溢脓"或"菌脓"，干燥后呈胶状颗粒；有的是真菌孢子与胶体物质的混合物，常从点状物上溢出，呈黏液状，多为灰白色和粉红色，如各种果树的炭疽病（粉红色）等。

四、病害侵染过程

侵染过程是植物个体遭受病原物侵染后的发病过程，包括病原物与寄主植物可侵染部位接触，侵入寄主植物，在植物体内繁殖和扩展，发生致病作用，显示病害症状的过程。

病程可分为接触期、侵入期、潜育期和发病期四个时期。

1. 接触期

是病原物与寄主接触，或到达能够受到寄主外渗物质影响的根围或叶围后，向侵入部位生长或运动，形成某种侵入结构的一段时间。

真菌孢子、菌丝、细菌细胞、病毒粒体、线虫等可以通过气流、雨水、昆虫等各种途径传播。

病原物在接触期受寄主植物分泌物、根围土壤中其他微生物、大气的湿度和温度等复杂因素的影响。如植物根部的分泌物可促使病原真菌、细菌和线虫等或其休眠体的萌发或引诱病原聚集、有些腐生的根围微生物能产生抗菌物质，可抑制或杀死病原物。

接触期病原物除受寄主本身的影响，还受到生物的和非生物的因素影响。传播过程中只有少部分传播体被传播到寄主的可感染部位，大部分落在不能侵染的植物或其他物体上。并且病原物必须克服各种不利因素才能进一步侵染，所以该期是病原物侵染过程的薄弱环节，是防止病原物侵染的有利阶段。

2. 侵入期

(1) 侵入途径

① 直接侵入　病原物直接穿透寄主的角质层和细胞壁的过程。

② 自然孔口侵入　植物体表有许多自然孔，如气孔、水孔、皮孔、蜜腺等。许多真菌和细菌是由某一或几种孔口侵入，以气孔侵入最普遍。

③ 伤口侵入　包括机械、病虫等外界因素造成的伤口和自然伤口，如叶痕和支根生出处。

病原物的种类不同，侵入途径和方式也不同。

(2) 侵入方式

① 真菌　大都以孢子萌发形成的芽管或者以菌丝侵入，有的还能从角质层或者表皮直接侵入。真菌不论是从自然孔口侵入或直接侵入，进入寄主体内后孢子和芽管里的原生质随即沿侵染丝向内输送，并发育成为菌丝体，吸取寄主体内的养分，建立寄生关系。

② 细菌　主要通过自然孔口和伤口侵入。细菌个体可以被动地落到自然孔口里或随着植物表面的水分被吸进孔口；有鞭毛的细菌靠鞭毛的游动也能主动侵入。

③ 病毒　靠外力通过微伤或昆虫的口器，与寄主细胞原生质接触完成侵入。

（3）侵入所需环境条件　病原菌的完成侵入需要适应的环境条件。主要是湿度和温度，其次是寄主植物的形态结构和生理特性。

① 湿度　大多数真菌孢子的萌发、细菌的繁殖以及游动孢子和细菌的游动都需要在水滴里进行。高湿度下，寄主愈伤组织形成缓慢，气孔开张度大，水孔泌水多而持久，降低了植物抗侵入的能力，对病原物的侵入有利。所以果园栽培管理方式如开沟排水、合理修剪、合理密植、改善通风透光条件等，是控制果树病害的有效措施之一。

② 温度　影响孢子萌发和侵入的速度。真菌孢子有最高、最适和最低萌发温度。超出最高和最低温度范围，孢子便不能萌发。

（4）侵入期所需时间和接种体数量　病毒的侵入与传播瞬时即完成，细菌侵入所需时间也较短，在最适条件下，不过几十分钟。真菌侵入所需时间较长，大多数真菌在最适应的条件下需要几小时，但很少超过 24 小时。

一般侵入的数量大，扩展蔓延较快，容易突破寄主的防御作用。细菌的接种量和发病率成正相关，病毒侵入后能否引起感染也和侵入数量有关，一般需要一定的数量才能引起感染。

3. 潜育期

即病原物侵入后和寄主建立寄生关系到出现明显症状的阶段。

（1）潜育期的扩展　是病原物在寄主体内吸收营养和扩展的时期，也是寄主对病原物的扩展表现不同程度抵抗性的过程。病原物在寄主体内扩展时都消耗寄主的养分和水分，并分泌酶、毒素和生长调节素，扰乱正常的生理活动，使寄主组织遭到破坏，生长受抑制或促使增殖膨大，导致症状的出现。

（2）环境条件对潜育期的影响　每种植物病害都有一定的潜育期。潜育期的长短因病害而异，一般 10 天左右，也有较短或较长的。有些果树病毒病的潜育期可达1年或数年。

一定范围内，潜育期的长短受环境温度的影响最大，湿度对潜育期的影响较小。但如果植物组织的湿度高，细胞间充水对病原物

在组织内的发育和扩展有利，潜育期就短。

有些病原物侵入寄主植物后，由于寄主抗病性强，病原物只能在寄主体内潜伏而不表现症状，但当寄主抗病力减弱时，它可继续扩展并出现症状，称潜伏侵染。有些病毒侵入一定的寄主后，任何条件下都不表现症状，称带毒现象。

4．发病期

症状出现后病害进一步发展的时期为发病期。症状是寄主生理病变和组织病变的结果。发病期病原由营养生长转入生殖生长阶段，即进入产孢期，产生各种孢子（真菌性病害）或其他繁殖体。新生病原物的繁殖体为病害的再次侵染提供主要来源。

在发病期，真菌性病害随着症状的发展，在受害部位产生大量无性孢子，提供了再侵染的病原体来源。细菌性病害在显现症状后，病部产生脓状物，含有大量细菌。病毒是细胞内的寄生物，在寄主体外不表现病征。

真菌孢子生成的速度与数量和环境条件中的温度、湿度关系很大。孢子产生的最适温度一般在25℃左右，高湿促进孢子产生。

五、病害的侵染循环

侵染性病害的发生须有侵染来源。病害循环是指病害从前一生长季节开始发病，到下一生长季节再度发病的全过程。在病害循环中通常有活动期和休止期的交替、有越冬和越夏、有初侵染和再侵染，及病原物的传播等环节（图10-1）。

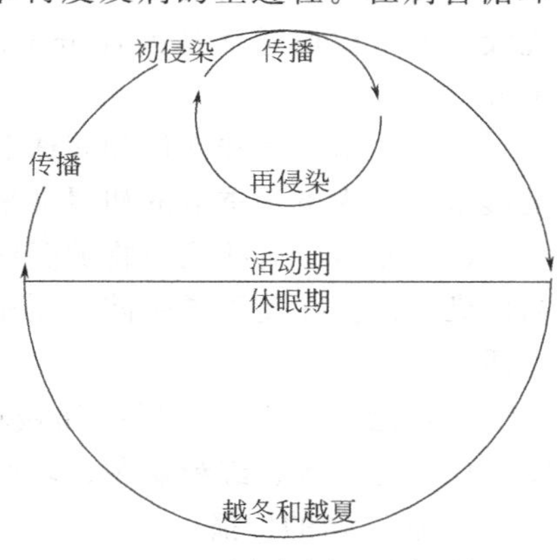

图10-1　病害循环示意图

1．病原物的越冬、越夏

病原物的越冬、越夏场所，是寄主植物在生长季节内最早发病的初侵染来源。病原物越冬、越夏的场所如下。

（1）田间病株　果树大都是多年生植物，绝大多数的病原物都能在病枝干、病根、病芽等组织内、外潜伏越冬。其中病毒以粒体，细菌以个体，真菌以孢子、休眠菌丝或休眠组织（如菌株、菌索）等，在病株的内部或表面渡过夏季和冬季，成为下一个生长季节的初侵染来源。因此采取剪除病枝、刮治病干、喷药和涂药等措施杀死病株上的病原物，消灭初侵染来源，是防止发病的重要措施之一。

病原物寄主往往不止一种植物，多种植物往往都可成为某些病原物的越冬、越夏场所。针对病害除消灭田园内病株的病原物外，也应考虑其他栽培作物和野生寄主。对转主寄生的病害，还应考虑到转主寄主的铲除等。

（2）繁殖材料　不少病原物可潜伏在种子、苗木、接穗和其他繁殖材料的内部或附着在表面越冬。使用这些繁殖材料时，可传染给邻近的健株，造成病害的蔓延。还可随着繁殖材料远距离的调运，将病害传播到新地区。繁殖材料带病，不但可导致病害发生，且这类病害大部分属于难防治病害，一旦发病，无法治疗。

（3）病株残体　果树的枯枝、落叶、落果、残根、烂皮等病株残体上带有病原物，这类物质是果树病害主要越冬场所之一。由于病原物受到植株残体组织保护，对不良环境因子抵抗能力增加，能在病株残体中存活较长时间，当寄主残体分解和腐烂后，其中的病原物才逐渐死亡和消失。所以清洁果园，彻底清除病株残体，集中烧毁，或采取促进病株残体分解的措施，利于消灭和减少初侵染来源。

（4）土壤　病株残体和病株上着生的各种病原物都很容易落到土壤里而成为下一季节的初侵染来源。

（5）肥料　有些病原物随病株残体混入肥料存活，成为病害的初侵染来源。在使用粪肥前，须充分腐熟，通过高温发酵使其失去生活力。

（6）储藏场所　在果品储藏场所带有可导致果品腐烂的病原物。如青霉病菌、红粉病菌、软腐病菌等。

2. 病原物的传播

传播是联系病害循环中各个环节的纽带。病原物的传播有气流

传播、雨水传播、昆虫和其他动物传播、人为传播等方式。大多数病原体都有固定的来源和传播方式，如真菌以孢子随气流和雨水传播，细菌多半由风、雨传播，病毒常由昆虫和嫁接传播。

3. 病害的初侵染和再侵染

病原物每进行一次侵染都要完成病程的各阶段，最后又为下一次的侵染准备好病原体。其中在植物生长期内，病原物从越冬和越夏场所传播到寄主植物上引起的侵染，叫作初侵染。在同一生长期中初侵染的病部产生的病原体传播到寄主的其他健康部位或健康株上又一次引起的侵染称为再侵染。在同一生长季节中，再侵染可能发生许多次。

六、病害的流行及预测

1. 病害流行

病害流行必须具备大量感病寄主、大量致病力强的病原物、适宜发病的环境条件三个条件。病害流行必须同时具备这三个条件，三者缺一不可，但它们在病害流行中的地位是不相同的，其中必有一个是主导的决定性因素。

2. 病害流行的预测

在病害发生前一定时限依据调查数据对病害发生期、发生轻重、可能造成的损失进行估计并发出预报。

植物病害的预测根据病害发生前的时限，可分为以下三种。

(1) 短期预测　病害发生前夕，或病害零星发生时对病害流行的可能性和流行的程度做出预测。

(2) 中期预测。病害发生前 1 个月至 1 个季度，对病害流行的可能性、时间、范围和程度做出预测。

(3) 长期预测　根据病害流行的规律，至少提前 1 个季度预先估计一种病害是否会流行以及流行规模，也称为病害趋势预测。

病害的预测依据主要有，病程和侵染循环的特点，短期预测主要根据病程，中长期预测主要根据侵染循环；病害流行的主导因素及其变化；病害发生发展的历史资料；田间防治状况。

第二节　果树病害的识别及检索

果树病害按其病原类型可分为两大类。一类是由真菌、细菌、病毒、类菌质体、线虫、瘿螨、寄生性种子植物以及类病毒、类立克次体和寄生藻类所致的病害，叫侵染性病害；另一类是由于生长条件不适宜或环境中有害物质的影响而发生的病害，叫非侵染性病害。一般通过对病害标本的检查（包括实地考察），观察病状和病征，根据所见病原物的类型，查阅有关参考书的描述，对大部分常见病害都可识别。

一、侵染性病害

1. 菌物性病害的特点与识别

由病原菌引起的病害统称菌物（真菌）性病害。这类病害有传染性，在田间发生时，往往由一个发病中心逐渐向四周扩展即具有明显的由点到面的发展过程。

（1）菌物性病害的特点　真菌性病害的症状主要是坏死、腐烂和萎蔫，少数为畸形。在病斑上常常有霉状物、粉状物、粒状物等病征，是真菌性病害区别于其他病害的重要标志，也是进行病害田间诊断的主要依据。

诊断真菌性病害的依据如下。

① 症状观察　真菌性病害的症状以坏死和腐烂居多，且大多数真菌性病害均有明显病征，环境条件适合时可在病部看到明显的霉状物、粉状物、锈状物、颗粒状物等特定病征。

对常见病害，根据病害在田间的发生分布情况和病害的症状特点，并查阅相关资料可基本判断病害的类别。但在田间有时受发病条件的限制，症状特点尤其是病征特点表现不明显，较难判定是何种病害。此情况应继续观察田间病害发生情况，同时进行病原检查或通过柯赫氏法则进行验证，确定病害种类。

② 病原检查　引起真菌性病害的病原菌种类很多，引起的症状类型也复杂。一般病原不同，症状也不同；但有时病原相同，引

起的症状会完全不同，如苹果褐斑病在叶片上可产生同心轮纹型、针芒型和混合型3种不同的症状，是由同一病原引起的。有时也有病原不同，症状相似的情况，如桃细菌性穿孔病、褐斑穿孔病及霉斑穿孔病，在叶片上都表现穿孔症状，但这3种病害的病原是完全不同的。仅以症状对某些病害不能做出正确诊断，必须进行实验室的病原检查或鉴定。

进行病原检查时根据不同的病征采取不同的制片观察方法。当病征为霉状物或粉状物时，可用解剖针或解剖刀直接从病组织上挑取子实体制片；当病征为颗粒状物或点状物时，采用徒手切片法制作临时切片；当病原物十分稀疏时，可采用粘贴制片，然后在显微镜下观察其形态特征，根据子实体的形态、孢子的形态、大小、颜色及着生情况等与文献资料进行对比。对于常见病、多发病一般即可确定病害名称。

(2) 真菌性病害的识别　真菌性病害的识别见表10-2。

表10-2　真菌性病害的识别

方　法	识　别
以寄主植物为主，结合症状特点的识别方法	根据果树的种类，详细观察所见病害的症状特点，再查阅有关资料核对症状特点，可确定是何种病害。 梨黑星病可如此进行识别
以病征为主，结合寄主植物的识别方法	很多真菌性病害迟早都会在发病部位出现真菌的繁殖器官——无性及有性子实体。病原真菌的繁殖器官叫病征。果树病原真菌中的白粉菌、锈菌，霜霉菌的病征较为特异，可根据病征特点结合寄主植物来识别病害。 梨锈病、梨白粉病等均可如此识别
进行病原菌的形态鉴定，核对有关果树病害资料进行的方法	在果树的真菌性病害中，不同种的病原真菌在同一寄主上可产生相同或相似的症状

2. 细菌性病害的特点与识别

由病原细菌引起的病害称为细菌性病害。

(1) 细菌性病害的特点　细菌性病害的症状主要有坏死、腐烂、萎蔫和瘤肿等，变色的较少，常有菌脓溢出。细菌性病害的症状特点是受害组织表面常为水渍状或油渍状；在潮湿条件下，病部有黄褐色或乳白色、胶黏、似水珠状的菌脓；腐烂型病害患部有恶臭味。

细菌性病害的诊断主要根据病害的症状和病原细菌的种类来进行。

① 细菌性病害在潮湿条件下在病部可见一层黄色或乳白色的脓状物，干燥后形成发亮的薄膜即菌膜或颗粒状的菌胶粒。菌膜和菌胶粒都是细菌的溢脓，是细菌性病害的特有病征。

② 细菌性叶斑往往具有黄色的晕环，细菌性癌肿十分明显是诊断可利用的特征。如果怀疑某种病害是细菌性病害但田间病征又不明显，可将该病株带回室内进行保湿培养，待病征充分表现后再进行鉴定。

③ 一般细菌侵染所致病害的病部，无论是维管束系统受害的，还是薄壁组织受害的，都可以通过徒手切片看到喷菌现象。喷菌现象为细菌性病害所特有，是区分细菌与菌物、病毒病害的最简便的手段之一。通常维管束病害的喷菌量大，可持续几分钟到十多分钟；薄壁组织病害的喷菌状态持续时间较短，喷菌数量亦较少。

（2）果树细菌性病害的识别　果树上常见的细菌性病害的症状主要有斑点、腐烂、瘤肿和畸形。在潮湿条件下，大多数细菌病可产生“溢脓”现象。常见的果树细菌性病害根据症状特点，结合显微镜检查病组织内的病原细菌可确定（表 10-3）。

3. 病毒性病害的特点与识别

病毒性病害的症状为花叶、黄化、矮缩、皱缩、丛枝等，少数为坏死斑点。绝大多数病毒都是系统侵染，引起的坏死斑点通常较均匀地分布于植株上，而不像真菌和细菌引起的局部斑点在植株上分布不均匀。

识别病毒性病害主要依据症状特点、病害田间分布、病毒的传播方式、寄主范围以及病毒对环境影响的稳定性等来进行。

病毒和类病毒引起的病害都没有病征，但它们的病状具有显著特点，如变色并伴随畸形小叶、皱缩、矮化等全株性病状。这些病状表现首先从幼嫩的分枝顶端开始，且全株或局部病状很少均匀。

表 10-3 果树细菌性病害的识别

<table>
<tr><th>症状</th><th>描述</th><th>显微镜检查</th></tr>
<tr><td>叶部斑点</td><td>大多数细菌病叶斑的发展受到叶脉限制而为多角形或近似圆形，发病初期表现为水渍状，病斑外缘有黄色晕圈。在潮湿环境下，病斑溢出含菌液体——溢脓。溢脓多为球状液滴或黏湿的液层，微黄色或乳白色，干涸后成为胶点或薄膜。如桃细菌性穿孔病引致的叶部症状</td><td rowspan="3">将病组织做成切片，置于灭菌水中进行显微镜检查，如观察到病组织切片有云雾状细菌群体排出而健康组织没有，可确定为细菌性病害(根癌病组织内看不到细菌)。此项检查应选取新发生的病部或病组织的新扩展部分，以排除腐生细菌的干扰，并应严格无菌操作</td></tr>
<tr><td>腐烂症状</td><td>腐烂症状易和真菌性病害相混淆，但细菌所致的腐烂不产生霉层和真菌子实体，病组织内外有黏液状病征。如梨锈水病引致的梨树枝干内部腐烂和果实软腐</td></tr>
<tr><td>瘤肿和畸形</td><td>果树根癌细菌可引致多种果树的根癌病、毛根病，症状特异，易于识别</td></tr>
</table>

植原体病害多以黄化、丛枝、花器返祖为特色与病毒性病害相区分。此外还可借助电子显微镜观察病毒粒体的形态和用血清学方法进行病毒的鉴定。

果树病毒性病害在生产实践中常用症状鉴定识别见表 10-4。

表 10-4 果树病毒性病害常用症状鉴定

<table>
<tr><th>方法</th><th>症状</th></tr>
<tr><td rowspan="3">症状识别法</td><td>叶片变色：一般分花叶和黄化两种，有时变色部分还可形成单圈或重圈的环斑。如苹果花叶病所呈现的花叶症状</td></tr>
<tr><td>枯斑和组织坏死：有些病毒病在叶片侵染点可形成枯斑，叶片、根茎和果实均可发生坏死现象；韧皮部的坏死是某些黄化型病毒特有的症状，有些病毒病可造成全株枯死</td></tr>
<tr><td>丛枝、小叶、花器退化、果实畸形等特殊症状
如枣疯病病株形成的丛枝、小叶、花器退化；苹果锈果病造成的锈果和花脸</td></tr>
</table>

4. 线虫病害的诊断

线虫病害的症状表现为植株矮小、叶片黄化、局部畸形和根部腐烂等。结合上述症状并进行病原检查即可确定线虫病害。

线虫病害的病原鉴定，一般将病部产生的虫瘿或根结切开，挑取线虫制片或作病组织切片镜检，根据线虫的形态确定其分类地位。对于一些病部不形成根结的病害，需首先根据线虫种类不同采用相应的分离方法，将线虫分离出来，然后制片镜检。要注意根据口针特征排除腐生线虫的干扰，特别是对寄生在植物地下部位的线虫病害，必要时要通过柯赫氏法则进行验证。

二、非侵染性病害

1. 非侵染性病害的特点与诊断

非侵染性病害（也称生理病害），包括由气象因素、土壤因素和一些有害毒物引起的病害。非侵染性病害是由非生物因素引起的，因此病植物上看不到任何病征，也不可能分离到病原物。病害往往大面积同时发生，没有相互传染和逐步蔓延。

① 病害突然大面积同时发生，发病时间短，多由于气候因素，如冻害、干热风、日灼所致。病害的发生往往与地势、地形和土质、土壤酸碱度、土壤中各种微量元素的含量等情况有关；也与气象条件的特殊变化（如冰雹、洪涝灾害），栽培管理如施肥、排灌和喷洒化学农药是否适当以及某些工厂相邻而接触废水、废气、烟尘等都有密切关系。

② 此类病害不是由病原生物引起的，受病植物表现出的症状只有病状没有病征。

③ 根部发黑，根系发育差，与土壤水多、板结而缺氧，有机质不腐熟而产生硫化氢或废水中毒等有关。

④ 有枯斑、灼伤，多集中在某一部位的叶或芽上，无既往病史，大多是使用化肥或农药不当引起。

⑤ 明显缺素症状，多见于老叶或顶部新叶，出现黄化或特殊的缺素症。

⑥ 与侵染性病害相比，非侵染性病害与环境条件的关系更密切、发生面积更大、无明显的发病中心和中心病株、在适当的条件下可以恢复（环境条件改善后）。

诊断非侵染性病害除观察田间发病情况和病害症状外，还必须对发病植物所在的环境条件等有关问题进行调查和分析，才能最后确定致病原因。

2. 非侵染性病害的识别

非侵染性病害可通过症状鉴定、补充或消除某种因素来识别，具体见表10-5。

表10-5　非侵染性病害的识别

<table>
<tr><th>分类</th><th colspan="2">症　　状</th></tr>
<tr><td rowspan="2">温度影响</td><td colspan="2">长期高温干旱可使果树发生灼伤，引起苹果、梨、桃、葡萄等的日灼病，受害果实基干的向阳部分产生褐色或古铜色干斑，枝干外皮龟裂或流胶，有时顶叶的尖端和边缘枯焦</td></tr>
<tr><td colspan="2">霜害和冻害易使衰弱的树体受害，如桃树的流胶</td></tr>
<tr><td rowspan="2">水分影响</td><td colspan="2">长期干旱可引起植物萎蔫和早期落叶</td></tr>
<tr><td colspan="2">水分过多，特别是前期干旱后期水分过多易造成苹果的一些品种发生裂果，土壤水分过多易使果树根系窒息而发生根腐和叶部黄化早落，严重时可引起果树死亡</td></tr>
<tr><td rowspan="3">有害物质引起的中毒</td><td colspan="2">如工矿企业排出的二氧化硫可使苹果、葡萄、桃等中毒，造成叶片失绿、生长受抑制、落叶、甚至引起死亡</td></tr>
<tr><td colspan="2">农药使用不当也常引起药害</td></tr>
<tr><td colspan="2">工矿排出的有害废液也可使果树中毒</td></tr>
<tr><td rowspan="6">缺素病害（营养失调症）</td><td>症状观察</td><td>施素鉴别</td></tr>
<tr><td>在碱性土壤中容易缺铁，引起苹果、梨，桃、葡萄等发生退绿病或黄化病</td><td rowspan="5">根据症状观察怀疑为缺乏某种元素，可施用该种元素进行对症治疗。若施素后，症状减轻或消失则可确定是由于缺乏某种元素引起的营养失调症</td></tr>
<tr><td>缺锌可使叶片狭小、黄化、直立、丛生</td></tr>
<tr><td>缺硼可使植物肥嫩器官发生木栓化，如苹果缩果病，桃的缺硼症</td></tr>
<tr><td>缺钙可使果实产生坏死斑点，如苹果苦痘病。缺硼、缺钙常与氮肥施用过多、施用时期不当有关</td></tr>
<tr><td>还有因缺润、缺钼、缺镁、缺锰、缺磷、缺钾等引起的病害</td></tr>
</table>

三、果树病害类别检索

果树病害类别检索见表10-6。

表 10-6 果树病害类别检索

<table>
<tr><th>性质</th><th>发病特征</th><th>细部症状</th><th>类别</th><th>大类</th></tr>
<tr><td rowspan="8">病害具有传染性，在发病器官表面或组织内部可看到病原物</td><td rowspan="6">病害不呈全株性发病，只在叶部、枝干、果实、根部某个部位发病，也可在几个部位同时发病</td><td>发病部位表面可看到霉层、粉状物、小粒点等病原物繁殖器官，或在病组织内可看到病原物繁殖器官，或通过保湿诱发方可看到</td><td>真菌性病害</td><td rowspan="8">侵染性病害</td></tr>
<tr><td>发病部位看不到霉层、小粒点等病原物，但在潮湿环境下可溢出微黄色或乳白色的球状液滴或黏湿的液层，干涸后成为胶点或薄膜。
将新鲜病组织做成切片，在显微镜下观察可见到有云雾状细菌群体排出，或者根部有特异状的瘤肿及毛根</td><td>细菌性病害</td></tr>
<tr><td>发病部位表面或病组织内可见到线虫虫体</td><td>线虫病害</td></tr>
<tr><td>发病部位组织内可见到瘿螨</td><td>瘿螨病害</td></tr>
<tr><td>发病部位见到寄生性种子植物</td><td>寄生性种子植物所致病害</td></tr>
<tr><td>发病部位见到寄生藻</td><td>寄生藻所致病害</td></tr>
<tr><td rowspan="2">病害呈全株性发病或迟早会呈全株性发病，病害可通过嫁接传染。病株看不到霉层等病原物，病组织内无菌丝体</td><td>病组织超薄切片在电镜下可看到病毒颗粒</td><td>病毒病害</td></tr>
<tr><td>病组织超薄切片在电镜下可看到类菌原体粒子，病害对四环素类抗生素敏感</td><td>类菌原体病害</td></tr>
<tr><td rowspan="2">病害不具有传染性，在发病器官表面和组织内部看不到病原物</td><td rowspan="2">病害的发生与气候异常、突变有关，或有接触某种毒物的历史。施用某种元素不能缓解或消除症状</td><td>基干和果实向阳面产生褐色或古铜色干斑，枝叶茂密处不发生</td><td>日灼病</td><td rowspan="2">非侵染性病害</td></tr>
<tr><td>枝干在严寒天气之后产生裂缝、流胶；幼叶皱缩、碎裂或穿孔，花不结实或结实后脱落，发生在晚霜后</td><td>温度过低</td></tr>
</table>

续表

性质	发病特征	细部症状	类别	大类
病害不具有传染性，在发病器官表面和组织内部看不到病原物	病害的发生与气候异常、突变有关，或有接触某种毒物的历史。施用某种元素不能缓解或消除症状	树叶黄化或红化、萎蔫或叶边枯焦，早期脱落，发生在严重干旱时	水分不足	非侵染性病害
		某些果树品种的果实后期果面产生裂缝	前旱后涝或水分过多	
		叶片急剧失绿、萎蔫或枯焦，生长衰退，严重时叶片脱落。有接触毒物、农药化肥等历史	中毒	
	病害发生在土壤瘠薄、有机肥很少或不施的土壤上，施用某种元素肥料可缓解或消除症状	新生嫩叶淡黄色或白色，叶脉仍为绿色，严重时叶片产生棕黄色枯斑、叶缘焦枯，新梢先端枯死，叶片早落。 在 pH 偏碱的土壤上易发生。叶面喷施硫酸亚铁溶液或用来灌根，症状可有所缓解	生理缺铁	
		新生枝条顶端叶片密集呈莲座状，叶片狭小、硬化，枝条纤细、节间短，花芽形成少。 早春枝条或展叶后叶面喷施硫酸锌溶液可缓解或消除症状	生理缺锌	
		果实在近成熟期和储藏期表皮产生坏死斑点，斑点下果肉有部分坏死。 施氮肥过多或早春地施氮肥可加重病害。 叶片喷施氯化钙或硝酸钙溶液可减轻或消除症状	生理缺钙	
		果实表面产生干斑或果肉发生木栓化变色，果实畸形，表面或有开裂。 山地和河滩砂地果园发生多，土壤施硼砂或叶面喷硼砂溶液可减轻或消除症状	生理缺硼	

第三节　果树害虫的识别

一、根据害虫的形态特征来识别

根据害虫的形态特征来识别是鉴别害虫种类最常用、更可靠的方法。昆虫的形态特征主要包括翅的有无、对数、形状、质地；口器、触角、足和腹部附属器官的式样。昆虫一般分为33个目，目下分科、属、种。其中与果树生产关系密切的昆虫有直翅目、同翅目、半翅日、鞘翅目、鳞翅目、膜翅目和双翅目7个目，这7个目的形态特征见表10-7。

表10-7　7个目昆虫的形态特征

目	常见昆虫	特　点
直翅目	蝼蛄、蝗虫、螽斯、蟋蟀	体粗壮，中型至大型，触角丝状，咀嚼式口器。前翅狭长，革质，较厚，为复翅，后翅膜质。后足为跳跃足或前足为开掘足。有尾须。多为陆栖性，大多为植食性，属不完全变态
同翅目	蝉、蚜虫、叶蝉、木虱、粉虱、介壳虫	体小型至大型，触角刚毛状或丝状，刺吸式口器，前翅膜质或革质，后翅膜质。但蚜虫和介壳虫有无翅的个体。无尾须。除雄性介壳虫属完全变态外，其余均属不完全变态。陆生
半翅目	椿象	体中、大型，大多扁平，触角丝状，刺吸式口器。前翅基半部硬化，端半部膜质，称为半鞘翅，后翅膜质。无尾须。大多为陆栖性，为害树体吸食汁液，属不完全变态
鞘翅目	金龟子、瓢虫、象甲、叶蝉、吉丁虫、天牛	体坚硬，大小不等，咀嚼式口器。前翅角质，称鞘翅，后翅膜质或无后翅。大多数种类为植食性，少数种类为捕食性，瓢虫科的黑缘红瓢虫专食球坚介壳虫和蚜虫
鳞翅目	蝶类、蛾类	体大小不等，虹吸式口器；翅膜质密被鳞片。蛾类触角多为丝状，梳状、羽毛状，成虫夜间活动，如卷叶蛾、夜蛾、枯叶蛾、刺蛾等。蝶类触角为球杆状，成虫白天活动，如蛱蝶、粉蝶
膜翅日	蜂类、蚂蚁	体小型至中型，咀嚼式口器，只有蜜蜂为嚼吸式，翅膜质，透明，前翅大于后翅，翅脉变异大，雌虫产卵器发达
双翅目	蝇、虻、蚊	体小型至中型，舔吸式或刺吸式口器。前翅膜质，透明，后翅退化成平衡棍。复眼大

二、根据寄主被害状来识别

不同种类的害虫，为害状不同。

（1）直翅目昆虫的成虫和若虫、鞘翅目昆虫的成虫和幼虫、鳞翅目的幼虫及部分成虫均为咀嚼式口器昆虫，常食害果树的根、

茎、叶、花、果，在被害部位常有咬伤、咬断、蛀食的痕迹以及虫粪等特征。

（2）半翅目、同翅目的成虫、若虫，常将口喙插入寄主叶、枝组织内刺吸汁液，使被害部位组织变色，树势衰弱，造成叶片脱落或枝条枯死，如蚜虫、木虱、蚧虫，还能排泄出黏质的排泄物，可用于识别。

（3）被害状与害虫口器的类型和为害习性关系密切，即使口器相同，不同种害虫，其为害方式、寄主表现也有不同特征。如梨大食心虫和梨小食心虫都能蛀食梨的果实，但蛀孔部位、蛀道形状、排粪习性等都不一样。苹蚜和苹果瘤蚜刺吸苹果叶片汁液，造成卷叶，但前者叶横卷，后者叶纵卷，可进行鉴别。

三、果树各部位害虫为害状的识别

果树各部位害虫为害状的识别见表10-8。

表10-8 果树各部位害虫为害状的识别

<table>
<tr><th>类别</th><th colspan="2">为 害 状</th></tr>
<tr><td rowspan="3">为害根部的害虫</td><td rowspan="3">咬伤或咬断根际部分皮层、幼根、使植株生长衰弱甚至枯死，多为地老虎、金针虫、蛴螬、蝼蛄、天牛</td><td>把地表根际皮层咬坏，有时还把被害果苗拉到土窝去，多为地老虎</td></tr>
<tr><td>咬坏根部，地表有明显坠道为蝼蛄，无明显坠道为蛴螬、金针虫</td></tr>
<tr><td>粗根木质部被蛀食，且蛀道不规则者多为天牛，如红颈天牛</td></tr>
<tr><td rowspan="3">为害枝、干的害虫</td><td rowspan="3">食害枝干韧皮部或木质部，幼虫蛀道多不规则，直接影响水分、养分的输导，严重时枝干枯萎折断，甚至整株枯死，多为天牛、木蠹蛾、透翅蛾、吉丁虫等</td><td>蛀食木质部，蛀槽不规则，较深长，每隔一定距离有一排粪孔，向外排出粪便，多为天牛和木蠹蛾，但天牛幼虫一般为白色，无足，木蠹蛾幼虫一般为红色、有足</td></tr>
<tr><td>蛀食枝干韧皮层，使木质部同韧皮部内外分离，多为吉丁虫</td></tr>
<tr><td>为害皮层、形成层或髓部的多为透翅蛾；吸食枝干汁液，削弱树势，造成枝、株枯死，多为介壳虫</td></tr>
</table>

续表

类别	为害状
为害叶部的害虫	为害嫩叶、咬食叶片呈不规则缺刻，严重者吃光叶，多为金龟子、天蛾、毛虫
	用口器刺入叶组织吸吃汁液，被害叶呈灰白色、黄褐色，焦枯，提早脱落，多为蝽象、网蝽、蚜虫、介壳虫、螨类等
	潜入叶组织为害，潜食叶肉，有细线虫道或椭圆形斑块，多为潜叶蛾
	卷叶为害，幼虫吐丝缀叶，把叶片卷成各种形状，幼虫在其中食害，多为卷叶蛾、蛾螟
为害果实的害虫	幼虫从果皮蛀入，蛀食果肉、果心，蛀孔周围变异，蛀果面有虫粪或果内充满粪便，被害果变形或不变形，多为食心虫类，包括蛀果蛾科、小卷叶蛾科、螟蛾科等
	蛾子通过管状口器刺吸果实汁液，被害果呈海绵状，易腐烂，脱落，多为吸果夜蛾
	果树害虫除了绝大部分是属于昆虫外，还有少数螨类。螨类中的叶螨和瘿螨是多种果树上的重要害虫，叶螨主要有山楂红蜘蛛、苹果红蜘蛛等

第四节　果树病虫害科学防治技术

一、果树病虫害的特点与防治措施

1. 搞好果园卫生是防治果树病虫害的重要基础措施

果树为多年生栽培植物，果园建成后，病虫种类和数量逐年累积，多数病菌和害虫就地在本园（本地）越冬，病虫害一旦在本园（本地）定殖就很难根除。且果树受病虫为害，不仅对当年果品产量和质量有影响，且影响以后几年的收成，搞好果园卫生，清除田间菌源、降低害虫越冬基数是防治果树病虫害的重要措施之一。

2. 防治虫害是防治某些病害的重要措施之一

一种果树会受到多种病虫为害，虫害严重时常常诱发某些病害严重发生。如苹果树受山楂红蜘蛛和苹果红蜘蛛严重为害后，造成大量落叶，极大削弱树势，树体抗病力下降，使苹果树腐烂病发生严重。一些害虫是某些病毒病害和类菌质体病害的传病媒介，一些害虫还能传播某些细菌性病害，如核桃举肢蛾能够传播核桃黑

腐病。

3. 某些果树病害的发生与果树周围的林木病害有关

杨树水泡溃疡病菌是苹果烂果病的菌源之一，不宜在苹果园周围种植易感染水泡溃疡病的北京杨等品种。果园周围有桧柏等林木，能使转主寄生的苹果锈病病菌和梨锈病病菌完成侵染循环，在杨树、柳树、槐树、酸枣等林迹地上种植果树是造成白绢病和紫纹羽病发生的重要原因。

4. 果树易出现营养缺乏

果树多年在一地生长、开花、结果，长期从固定一处土壤中吸取营养，如不注意改良土壤、增施有机肥料，易出现营养缺乏，尤其是易因某种微量元素缺乏而出现相应的生理病害。如北方苹果产区常见到的缺铁黄化病、缺锌小叶病、缺硼缩果病、缺钙苦痘病就是因为缺乏某种元素而造成的营养失调。

5. 一些病虫害可通过无性繁殖材料进行传播、蔓延，且很多危险病虫害可通过繁殖材料进行远距离传播

果树一般采用嫁接、插条、根蘖苗等方法进行无性繁殖。病毒病害和类菌质体病害都能通过无性繁殖材料进行传染，给病毒病害和类菌质体病害的防治及防止扩大蔓延带来很大困难，很多病毒病害、可通过无性繁殖材料传播、扩大蔓延。培育无毒、无病苗木是果树生产中亟须解决的问题。

很多危险病虫害可通过苗木、接穗等繁殖材料进行远距离传播，严格植物检疫是防止危险病虫传入尚未发生地区的关键措施。

6. 加强栽培管理，强壮树势，可防止病害发生、蔓延

果树进入结果期后，常由于结果过多而肥水管理跟不上，使树势急剧减退，抗病能力下降，使潜伏在枝干上的病菌特别是腐生性较强的一类病菌迅速扩展为害。加强栽培管理，重视培育壮树。

7. 非侵染性病害常为侵染性病害发生创造有利条件

果树的不同类别病害之间关系密切，往往互为因果。非侵染性病害常为侵染性病害创造了发生发展的有利条件。冻害是苹果树腐烂病流行的重要条件，土壤积水常使苹果银叶病发生严重。侵染性病害的发生会降低果树对不良环境条件的抵抗力。

8. 果树根系病害防治困难

果树的根系非常庞大，入土也较深，常因缺氧而窒息，妨害根系的正常生命活动，在土壤黏重、地下水位较高、低洼湿涝地的果园更突出。根系生命活动减弱必然影响地上部的生活力，根部本身也易招致寄生菌和腐生菌的侵染。由于根系在地下，对根部病害的防治一般较地上部病害困难。一些根部病害如葡萄根瘤蚜的防治也较困难。

二、果树病虫害防治的基本方法

果树病虫害防治的基本方法有植物检疫、农业防治、生物防治、物理机械防治和化学防治。

1. 植物检疫

（1）概念　植物检疫是国家保护农业生产的重要措施，它是由国家颁布条例和法令，对植物及其产品，特别是苗木、接穗、插条、种子等繁殖材料进行管理和控制，防止危险性病、虫、杂草传播蔓延。

（2）植物检疫的主要任务

① 禁止危险性病、虫、杂草随着植物或其产品由国外输入和由国内输出。

② 将在国内局部地区已发生的危险性病、虫、杂草封锁在一定的范围内，不让它传播到尚未发生的地区，并且采取各种措施逐步将其消灭。

③ 当危险性病、虫、杂草传入新区时，采取紧急措施，就地彻底肃清。

2. 农业防治

农业防治是通过合理采用一系列栽培措施，调节病原物、寄主和环境条件间的关系，给果树创造利于生长发育而不利于病原物生存繁殖的条件，减少病原物的初侵染来源，降低病害的发展速度，减轻病害的发生。农业防治是最基本的防治方法。

农业防治的主要措施有栽植优质无病毒苗木、选择抗病虫优良品种；搞好果园清洁，及时剪除果树生长期病虫叶、果、枝，彻底

清除枯枝落叶，刮除树干老翘裂皮；人工捕捉、翻树盘、覆草、铺地膜，减少病虫源，降低病虫基数；加强肥水管理、合理负载，提高树体抗病虫能力；合理密植、修剪、间作，保证树体通风透光；果实套袋，减少病虫、农药感染；不与不同种果树混栽，以防次要病虫上升为害；果园周围5千米范围内不栽植桧柏，以防锈病流行；适期采收和合理储藏。

3. 生物防治

生物防治是利用有益生物及其产物来控制病原物的生存和活动，减轻病害发生的方法。如创造利于天敌昆虫繁殖的生态环境，保护、利用瓢虫、草蛉、捕食螨等自然昆虫天敌；养殖、释放赤眼蜂等天敌昆虫；应用有益微生物及其代谢产物防治病虫，如土壤施用白僵菌防治桃小食心虫；利用昆虫性外激素诱杀或干扰成虫交配。

在有条件的果区，要注意保护和利用自然界中的各种天敌，控制病虫害的发生与危害。

4. 物理机械防治

利用各种物理因子、人工和器械控制病虫害的一种防治方法。可根据病虫害生物学特性，采取设置阻隔、诱集诱杀、树干涂白、树干涂黏着剂、人工捕杀害虫等方法。

(1) 设置阻隔　根据害虫的生活习性，设置阻隔，破坏害虫的生存环境以减轻害虫危害。如在防治果树上的春尺蠖时，采用在果树主干上涂抹黏虫胶、束塑料薄膜或树干基部堆细沙等办法阻止无翅雌虫上树产卵。

果实套袋能显著改善果实外观质量，使果点浅小、果皮细腻、果面洁净，可有效防治果实病虫害，减轻果品的农药残留及对环境的污染，是生产高档果品的主要技术措施。

(2) 诱集诱杀　是利用害虫的趋性或其他生活习性进行诱集，配合一定的物理装置、化学毒剂或人工加以处理来防治害虫的一类方法。

① 灯光诱杀　许多昆虫有不同程度的趋光性，利用害虫的趋光性，可采用黑光灯、双色灯等引诱许多鳞翅目、鞘翅目害虫，结

合诱集箱、水盆或高压电网可诱集后直接杀死害虫。

② 食饵诱杀　是利用有些害虫对食物气味有明显趋向性的特点，通过配制适当的食饵，利用趋化性诱杀害虫。如配制糖醋液（适量杀虫剂、糖 6 份、醋 3 份、酒 1 份、水 10 份）可诱杀卷叶蛾等鳞翅目成虫和根蛆类成虫；撒播带香味的麦麸、油渣、豆饼、谷物制成的毒饵可毒杀金龟子等地下害虫。

③ 潜所诱杀　是根据害虫的潜伏习性，制造各种适合场所引诱害虫来潜伏，然后及时杀灭害虫。如秋冬季在果树上束药带或束用药处理过的草帘，诱杀越冬的梨小食心虫、梨星毛虫和苹果蠹蛾幼虫等，可以减少翌年的虫口数量。

（3）树干涂白、涂黏着剂　树干涂白，可预防日烧和冻裂，延迟萌芽和开花期，可兼治枝干病虫害。涂白剂的配方为生石灰：食盐：大豆汁：水＝12：2：0.5：36。涂黏着剂可直接黏杀越冬孵化康氏粉蚧、越冬叶螨等出蛰上树危害的害虫。

（4）人工捕杀害虫　根据害虫发生特点和生活习性，使用简单的器械直接杀死害虫或破坏害虫栖息场所。在害虫发生初期，可采用人工摘除卵块和初孵群集幼虫、挑除树上虫巢或冬季刮除老树皮、翘皮等。剪去虫枝或虫梢，刮除枝、干上的老皮和翘皮能防治果树上的蚧类、蛀杆类及在老皮和翘皮下越冬的多种害虫。

5. 化学防治

化学防治指使用化学药剂来防治植物病虫害，作用迅速、效果显著、方法简便。但化学药剂如果使用不当，容易造成对环境及果品和蔬菜的污染，同时长时间连续使用同一类药剂，容易诱发病原物产生抗药性，降低药剂的防治效果。化学药剂的合理使用应注意药剂防治和其他防治措施配合。

三、农药的合理安全使用

1. 农药分类

根据防治对象不同，农药大致可分为杀虫剂、杀菌剂、杀螨剂、杀线虫剂、除草剂、杀鼠剂与植物生长调节剂等。

（1）杀虫剂　杀虫剂是用来防治农、林、卫生及储粮害虫的农

药，按作用方式不同可分为以下几类。

① 胃毒剂　通过害虫取食，经口腔和消化道引起昆虫中毒死亡的药剂，如敌百虫等。

② 触杀剂　通过接触表皮渗入害虫体内使之中毒死亡的药剂，如异丙威（叶蝉散）等。

③ 熏蒸剂　通过呼吸系统以毒气进入害虫体内使之中毒死亡的药剂，如溴甲烷等。

④ 内吸剂　能被植物吸收，并随植物体液传导到植物各部或产生代谢物，在害虫取食植物汁液时能使之中毒死亡的药剂，如乐果等。

⑤ 其他杀虫剂　忌避剂（如驱蚊油、樟脑）、拒食剂（如拒食胺）、黏捕剂（如松脂合剂）、绝育剂（如噻替派、六磷胺等）、引诱剂（如糖醋液）、昆虫生长调节剂（如灭幼脲Ⅲ）。这类杀虫剂本身并无多大毒性，是以其特殊的性能作用于昆虫。一般将这些药剂称为特异性杀虫剂。

（2）杀菌剂　杀菌剂是用以预防或治疗植物真菌或细菌性病害的药剂。按作用、原理可分为以下几类。

① 保护剂　在病原菌未侵入之前用来处理植物或植物所处的环境（如土壤）的药剂，以保护植物免受危害，如波尔多液等。

② 治疗剂　用来处理病菌已侵入或已发病的植物，使之不再继续受害，如甲基硫菌灵（甲基托布津）等。按化学成分可分为无机铜制剂、无机硫制剂、有机硫制剂、有机磷杀菌剂、农用抗生素等。

（3）杀螨剂　杀螨剂是用来防治植食性螨类的药剂，如炔螨特（克螨特）等。按作用方式多归为触杀剂，也有内吸作用。

（4）杀线虫剂　杀线虫剂是用来防治植物线虫病害的药剂。

（5）除草剂　除草剂是用来防除杂草和有害生物的药剂。

2. 农药的剂型

化学农药主要剂型有粉剂、可湿性粉剂、乳油和颗粒剂等。

（1）粉剂　粉剂由原药和惰性稀释物（如高岭土、滑石粉）按一定比例混合粉碎而成。粉剂中有效成分含量一般在10%以下。

低浓度粉剂供常规喷粉用，高浓度粉剂供拌种、制作毒饵或土壤处理用。

优点是加工成本低，使用方便，不需用水。缺点是易被风吹雨淋脱落，药效一般不如液体制剂，易污染环境和对周围敏感作物产生药害。可通过添加黏着剂、抗漂移剂、稳定剂等改进其性能。

（2）可湿性粉剂　可湿性粉剂由原药和少量表面活性剂（湿润剂、分散剂、悬浮稳定剂等）以及载体（硅藻土、陶土）等一起经粉碎混合而成。可湿性粉剂的有效成分含量一般为25%～50%，主要供喷雾用，也可作灌根、泼浇使用。

（3）乳油　乳油是农药原药按有效成分比例溶解在有机溶剂（如苯、二甲苯等）中，再加入一定量的乳化剂配制成透明均相的液体。乳油加水稀释可自行乳化形成不透明的乳浊液。乳油因含有表面活性很强的乳化剂，它的湿润性、展着性、黏着性、渗透性和持效期都优于同等浓度的粉剂和可湿性粉剂。乳油主要供喷雾使用，也可用于涂茎（内吸药剂）、拌种、浸种和泼浇等。

（4）颗粒剂　颗粒剂是由农药原药、载体和其辅助剂制成的粒状固体制剂。颗粒剂的制备方法较多，常采用包衣法。颗粒剂具有持效期长、使用方便、对环境污染小、对益虫和天敌安全等优点。颗粒剂可供作根施、穴施、与种子混播、土壤处理或撒入心叶用。

（5）烟雾剂　烟雾剂由原药加入燃料、氧化剂、消燃剂、引芯制成。点燃后燃烧均匀，成烟率高，无明火，原药受热气化，再遇冷凝结成微粒漂浮于空间。多用于温室大棚、林地及仓库病虫害。

（6）水剂　水剂是指用水溶性固体农药制成的粉末状物。可兑水使用。成本低，但不宜久存，不易附着于植物表面。

（7）片剂　片剂是指原药加入填料制成的片状物。

（8）其他剂型　随着农药加工技术的不断进步，各种新的剂型被陆续开发利用，如微乳剂、固体乳油、悬浮乳剂、可流动粉剂、漂浮颗粒剂、微胶囊剂、泡腾片剂等。

3. 用药原则

（1）全面禁止使用的农药　六六六、滴滴涕、毒杀芬、二溴氯丙烷、杀虫脒、二溴乙烷、除草醚、艾氏剂、狄氏剂、汞制剂、

砷、铅类、敌枯双、氟乙酰胺、甘氟、毒鼠强、氟乙酸钠、毒鼠硅、甲胺磷、甲基对硫磷、对硫磷、久效磷和磷胺等全面禁止使用。

(2) 禁止在果树上使用的农药 甲拌磷，甲基异柳磷，五氯酚钠，特丁硫磷，甲基硫环磷，治螟磷，内吸磷，克百威，涕灭威，灭线磷，硫环磷，蝇毒磷，地虫硫磷，氯唑磷，苯线磷。

4. 农药的合理使用

(1) 正确选药 在施药前应根据实际情况选择合适的药剂品种，对症下药，避免盲目用药。应根据不同的防治对象对药剂的敏感性、不同作物种类对药剂的适应性、不同用药时期对药剂的不同要求等，选择适宜的药剂品种及剂型。

(2) 适时用药 掌握病虫害的发生发展规律，抓住有利时机用药，提高防治效果。如一般药剂防治害虫时应在初龄幼虫期，防治过迟，防治效果越差。药剂防治病害时，一定要用在寄主发病前或发病早期，保护性杀菌剂必须在病原物接触侵入寄主前使用。还要考虑气候条件及物候期。

(3) 适量用药 应根据用药量标准施用农药。不可任意提高浓度、加大用药量或增加使用次数。在用药前清楚农药的规格，即有效成分的含量，再确定用药量。

(4) 交互用药 长期使用一种农药防治某种害虫或病菌，易产生抗药性，防治效果降低。应轮换用药，尽可能选用不同作用机制的农药。

(5) 农药混用与复配 将2种或2种以上的对病虫有不同作用机制的农药混合使用，兼治几种病虫，提高防治效果。农药混合后它们之间应不产生化学和物理变化，才可以混用。

农药复配要注意以下几方面。

① 2种药剂复配后不能影响原药剂理化性，不降低表面活性剂的活性，不降低药效。

② 酸性或中性农药（如有机磷、氨基甲酸酯类、拟除虫菊酯类等含酯结构的农药）不要与碱性农药混合。

③ 对酸性敏感的农药（如敌百虫、久效磷、有机硫杀菌剂）

不能与酸性农药混用。

④ 农药之间不会产生复分解反应。例如波尔多液与石硫合剂，虽然都是碱性药剂，但混合后会发生离子交换反应，使药剂失效甚至会产生药害。

⑤ 农药混用复配后对生物会产生联合效应，联合效应包括相加作用、增效作用及拮抗作用 3 种，可以通过共毒系数决定能否复配。一般认为共毒系数＞200 为增效，150～200 为微增效，70～150为相加，＜70 为拮抗，显然有拮抗反应的 2 种农药是不能复配的。

（6）防止产生药害　在果实上发生药害对品质造成很大影响，降低了果品的经济价值。产生药害的原因如下。

① 不同药剂产生药害的程度及可能性不同　一般无机杀菌剂易产生药害，有机杀菌剂产生药害的可能性较小，植物性药剂及抗生素药害更小一些。同一类药剂，水溶性越大，发生药害的可能性越大。可湿性粉剂的可湿性差或乳剂的乳化性差，使药剂在水中分散不均匀；药剂颗粒粗大，在水中较易沉淀，搅拌不匀，会喷出高浓度药液而造成药害。

② 环境条件　一般在气温高、阳光强的条件下，药剂的活性增强，而且植物的新陈代谢作用加快，容易发生药害。

③ 用药方法　使用杀菌剂时，必须根据农药的具体性质、防治对象及环境因素等，选择相应的施药方法。

（7）避免农药对环境和果品的污染　使用高效、低毒、低残留的杀菌剂，逐渐淘汰高毒、高残留及广谱性杀菌剂。选择适宜的用药浓度、用药量及用药次数，避免滥用农药，化学防治和其他防治相结合的综合防治措施，减少对杀菌剂的依赖。

四、主要杀菌剂

1. 有机硫杀菌剂

有机硫杀菌剂具有高效、低毒、药害轻、杀菌谱广等特点。

（1）代森锰锌　化学名称为乙撑双二硫代氨基甲酸锰和锌离子的配位化合物。剂型有 70％可湿性粉剂、25％悬浮剂。70％可湿

性粉剂，使用浓度800～1000倍。可用于防治梨黑星病。

(2) 代森锌 化学名称为乙撑-1,2-双二硫代氨基甲酸锌。该药吸湿性强，在日光下不稳定，但挥发性小，遇碱或含铜药剂易分解。对人、畜低毒；对植物安全，一般不会引起药害。剂型有60%、65%及80%可湿性粉剂。使用浓度一般为500～1000倍。可用于防治果树的霜霉病、炭疽病，梨的黑星病等病害。

(3) 代森铵 化学名称为乙撑双二硫代氨基甲酸铵。对人、畜低毒。制剂为45%水剂，常用浓度为1000倍。可用于防治果树根腐病，梨黑星病等。

(4) 福美双 化学名称为四甲基二硫代双甲硫羰酰胺。对人、畜毒性小。剂型为50%可湿性粉剂，用500～800倍防治炭疽病、梨黑星病。

2. 有机磷、胂杀菌剂

(1) 乙磷铝 又名疫霜灵。化学名称为三乙基磷酸铝。对人、畜基本无毒。该药为优良的内吸性杀菌剂，有双向传导作用，具保护和治疗作用。90%可溶粉剂使用浓度为600～1000倍；40%可湿性粉剂使用浓度为300～500倍。对霜霉属和疫霉属菌物引起的病害有较好的防效。

(2) 福美胂 化学名称为三-N-二甲基二硫代氨基甲酸胂，又名阿苏妙。剂型有40%可湿性粉剂，用500～800倍液防治苹果白粉病、葡萄白腐病、梨黑星病等效果较好。30～50倍治疗梨树腐烂病病斑效果也很好。福美胂对人、畜的毒性中等，保管和使用应该注意安全。该药不能与碱性及含铜、汞的药剂混用。

3. 取代苯类杀菌剂

(1) 甲基托布津 又名甲基硫菌灵。化学名称为1,2-双(3-甲氧羰基-2-硫脲基)苯。为广谱性内吸杀菌剂。对人、畜较安全。剂型有50%、70%可湿性粉剂，使用浓度为1000～1500倍。可用于防治梨轮纹病、白粉病、灰霉病等。

(2) 百菌清 化学名称为2,4,5,6-四氯-1,3苯二甲腈。对人、畜毒性低，但对皮肤和黏膜有刺激性。剂型为75%可湿性粉剂，使用浓度为500～800倍。为广谱性保护剂，对多种真菌性病害有效。用于防治黑星病、白粉病、早期落叶病等。

（3）甲霜灵　又名瑞毒霉、雷多米尔。化学名称为D,L-*N*(2,6-二甲基苯基)-*N*-(2′-甲氧基乙酰)丙氨酸甲酯。毒性低，内吸性能好，可上下传导，兼具保护和治疗作用。剂型为25%可湿性粉剂，使用浓度为1500～2000倍。用于防治霜霉病、褐腐病、疫病等。

4. 有机杂环类杀菌剂

（1）多菌灵　为苯并咪唑类化合物。化学名称为苯并咪唑基-2-氨基甲酸甲酯。纯品白色结晶，不溶于水及有机溶剂。剂型有25%、50%可湿性粉剂，使用浓度为1000～1500倍。是一种高效、低毒、广谱性内吸杀菌剂，可用于防治子囊菌门和半知菌类真菌引起的多种植物病害如梨轮纹病等。

（2）三唑酮　又名粉锈宁。化学名称为1-(4-氯苯氧基)-3,3-二甲基-1-(1,2,4-三氮唑-1-基)-2-丁酮。是内吸性很强的杀菌剂，有保护、治疗和铲除作用。剂型有15%和25%可湿性粉剂、1%粉剂。一般15%三唑酮使用浓度为1000～2000倍。主要用于治疗各种植物的白粉病和锈病。如梨白粉病、锈病。

（3）苯莱特　又称苯菌灵。化学名称为1-正丁氨基甲酰-2-苯并咪唑氨基甲酸酯。剂型一般为50%可湿性粉剂，使用浓度为1000～1500倍。为高效、低毒、广谱性内吸杀菌剂。在果实采收前3周应停止应用。

（4）烯唑醇　又称S-3308L、速保利。化学名称为（*E*)-1-(2,4-二氯苯基)-4,4-二甲基-2-(1,2,4-三唑-1-基)-1-戊烯-3-醇。是具有保护、治疗、铲除和内吸向顶传导作用的广谱杀菌剂。剂型有2%、5%和12.5%可湿性粉剂，50%乳剂。12.5%的可湿性粉剂使用浓度为2000～3000倍。对梨的黑星病、白粉病、锈病的防治效果好。

5. 抗生素

（1）链霉素　是灰链丝菌分泌的抗生素。工业品多制成硫酸盐或盐酸盐。农业上利用其粗制品或下脚料。对人、畜低毒。链霉素有很好的内吸治疗作用，主要用于防治各种细菌引起的病害。剂型为72%农用硫酸链霉素可溶性粉剂。

(2) 抗霉菌素120 化学名称为嘧啶核苷类抗生素。具有选择性毒性，对人、畜无害，易被土壤微生物降解，在植物体内存留时间一般不超过72小时。剂型有2%和4%水剂，2%水剂使用浓度200倍液，可用于防治果树各种白粉病、炭疽病、锈病、腐烂病、流胶病。

(3) 多抗霉素 又名多氧霉素。化学名称为肽嘧啶核苷类抗生素，具有较好的内吸传导作用，为广谱性杀菌剂，具有保护和治疗作用，对人、畜低毒。剂型有1.5%、2%、3%和10%可湿性粉剂。1.5%可湿性粉剂可使用300倍液。对灰霉病、斑点落叶病等有效。主要用于防治梨黑斑病等链格孢属真菌引起的病害。

6. 无机杀菌剂

(1) 波尔多液 波尔多液是用硫酸铜和石灰乳配制而成的药液，天蓝色。主要有效成分是碱式硫酸铜，是一种杀菌力强、持续时间长的杀菌剂。喷布在植物上，受到植物分泌物、空气中的二氧化碳以及病菌孢子萌发时分泌的有机酸等的作用，逐渐游离出铜离子，铜离子进入病菌体内，使细胞中原生质凝固变性，造成病菌死亡。该药剂几乎不溶于水，是一种胶状悬液，喷到植物表面后黏着力强，不易被雨水冲刷，残效期可达15～20天。

波尔多液的防病范围很广，可以防治多种果树病害，如霜霉病、黑痘病、疫病、炭疽病、溃疡病、疮痂病、锈病、黑星病等。使用时要根据不同果树对硫酸铜和石灰的敏感程度，来选择不同配比的波尔多液，以免造成药害。对铜离子较敏感的是核果类、仁果类、柿等，其中以桃、李和柿最敏感。桃树生长期不能使用波尔多液；柿树上要用石灰多量式的稀波尔多液。对石灰较为敏感的是葡萄等，一般要用半量式波尔多液。作伤口保护剂，常配成波尔多浆。配制比例是硫酸铜：石灰：水：动物油=1：3：15：0.4。

根据硫酸铜和石灰的比例，波尔多液可分为等量式(1：1)，半量式(1：0.5)，倍量式(1：2)，多量式[1：(3～5)]和少量式[1：(0.25～0.4)]等类别。波尔多液的倍数，表示硫酸铜与水的比例，如200倍的波尔多液表示在200份水中有1份硫酸铜。在生产实践中，常用两者的结合，表示波尔多液的配合比例。例如

160倍等量式波尔多液，配合比例为硫酸铜：石灰：水＝1∶1∶160；240倍半量式波尔多液的配合比例为1∶0.5∶240等。

波尔多液的配置方法有两种。

① 两液法　取优质的硫酸铜晶体和生石灰分别放在两个容器中，先用少量水消化石灰和少量的热水溶解硫酸铜，然后分别加入全水量的1/2，配制成硫酸铜液和石灰乳，待两种液体的温度相等且不高于室温时，将两种液体同时徐徐倒入第三个容器内，边倒边搅拌即成。此法配制的波尔多液质量高。

② 稀铜浓灰法　以9/10的水量溶解硫酸铜，用1/10的水量消化生石灰（搅拌成石灰乳），然后将稀硫酸铜溶液缓慢倒入浓石灰乳中，边倒边搅拌即成。注意绝不能将石灰乳倒入硫酸铜溶液中，否则会产生络合物沉淀，降低药效，产生药害。

配制时注意事项如下。

① 选用高质量的生石灰和硫酸铜　生石灰以白色、质轻、块状的为好，尽量不要使用消石灰，若用消石灰，也必须用新鲜的，而且用量要增加30%左右。硫酸铜最好用纯蓝色的，不夹带有绿色或黄绿色的杂质。

② 配制时水温不宜过高，一般不超过室温。

③ 波尔多液对金属有腐蚀作用，配制时不要用金属容器，最好用陶器或木桶。

④ 刚配好的波尔多液后悬浮性能很好，有一定稳定性，但放置时间过长悬浮的胶粒就会互相聚合沉淀并形成结晶，黏着力差，药效降低。使用波尔多液时应现配现用，不宜久放。

波尔多液的稀释倍数可按下式（重量）计算：

$$加水稀释倍数=\frac{原液波美度}{需要稀释的波美度}-1$$

（2）石硫合剂　是用生石灰、硫黄粉和水熬制而成的一种深红棕色透明液体，呈强碱性，有臭鸡蛋味。有效成分为多硫化钙。多硫化钙的含量与药液比重呈正相关，常用波美比重计测定，以波美度（°Bé）表示其浓度。

生石灰1份、硫黄粉2份、水12～15份。把足量的水放入铁

锅中加热，放入生石灰制成石灰乳，煮至沸腾时，把事先用少量水调成糨糊状的硫黄浆徐徐加入石灰乳中，边倒边搅拌，同时记下水位线，以便随时添加开水，补足蒸发掉的水分。大火煮沸45～60分钟，并不断搅拌。待药液熬成红褐色，锅底的渣滓呈黄绿色即成。

按上述方法熬制的石硫合剂，一般可以达到22～28波美度。

熬制石硫合剂的注意事项如下。

① 一定要选择质轻、洁白、易消解的生石灰。

② 硫黄粉越细越好，最低要通过40号筛目。

③ 前30分钟熬煮火要猛，以后保持沸腾即可；熬制时间不要超过60分钟，但也不能低于40分钟。

石硫合剂可用于各种果树病害的休眠期防治。它的使用浓度随防治对象和使用时的气候条件而变。果树休眠期使用5波美度。

五、主要杀虫剂

1. 特异性昆虫生长调节剂类

又称特异性杀虫剂。药剂选择性特强，仅对某种特定的害虫有效，对人、畜安全，对环境污染较小，对害虫的天敌负面影响也小，是无公害园艺作物生产中害虫防治的首选药剂。杀虫机理不是直接杀死害虫，而是通过引起昆虫生理上的特异反应，抑制昆虫的正常生理代谢，引起发育和繁殖受阻，导致害虫死亡。

(1) 灭幼脲　又叫灭幼脲1号、3号，苏脲1号。属低毒杀虫剂。对人、畜和天敌昆虫安全。用于防治黏虫、松毛虫、美国白蛾等。灭幼脲施药后3～4天始见效果，需适当提早使用，不宜与碱性物质混合。制剂为25%灭幼脲3号悬浮剂。

(2) 除虫脲　又叫敌灭灵。属低毒药剂用于防治黏虫、玉米螟及蔬菜、园林上的鳞翅目幼虫。剂型为20%除虫脲悬浮剂。

(3) 氟虫脲　又名卡死克。是一种低毒的酰基脲类杀虫、杀螨剂。有触杀和胃毒作用，可有效防治果树、蔬菜、花卉、茶、棉花等作物的鳞翅目、鞘翅目、双翅目、同翅目、半翅目害虫及各种害螨。剂型为5%乳油。

（4）氟铃脲　又名盖虫散。属苯甲酰基脲类杀虫剂，有很高的杀虫和杀卵活性，而且速效，尤其对棉铃虫，可用于蔬菜、果树、棉花等作物防治鞘翅目、双翅目、同翅目和鳞翅目多种害虫。剂型为5%乳油。

（5）杀铃脲　又名杀虫隆、氟幼灵。为苯甲酰基脲类杀虫剂，属昆虫几丁质合成抑制剂，具有高效、低毒、低残留等优点。该杀虫剂与25%灭幼脲相比，杀卵、虫效果更好，持效期长。剂型为20%悬浮剂。防治金纹细蛾的适宜浓度为8000倍液；防治桃小食心虫，在成虫产卵初期、幼虫蛀果前喷6000～8000倍液。

（6）丁醚脲　又名宝路。是一种新型硫脲类、低毒、选择性杀虫、杀螨剂。具有内吸、熏蒸作用，广泛应用于防治果树、蔬菜、茶和棉花的蚜虫、叶蝉、粉虱、小菜蛾、菜粉蝶、夜蛾等害虫，但对鱼和蜜蜂的毒性高。应注意施用地区和时间。剂型为50%宝路可湿性粉剂。

（7）吡虫啉　吡虫啉又名蚜虱净、扑虱蚜、比丹、康福多、高巧等。是一种硝基亚甲基化合物，属于新型拟烟碱类，低毒、低残留、超高效、广谱、内吸性杀虫剂，有较高的触杀和胃毒作用。速效，且持效期长，对人、畜、植物和天敌安全。适于防治果树、蔬菜、花卉、经济作物等的蚜虫、粉虱、木虱、飞虱、叶蝉、蓟马、甲虫、白蚁及潜叶蛾等害虫。剂型为10%和25%吡虫啉可湿性粉剂、20%康福多浓可溶剂、70%艾美乐水分散粒剂等。

2. 拟除虫菊酯类杀虫剂

是仿照天然除虫菊素的化学结构，由人工合成的一类杀虫剂，有光稳定性好、高效、低毒和强烈的触杀作用，无内吸作用，田间残效期5～7天，可用于防治多种农业害虫和卫生害虫，一般对叶螨的防治效果很差，连续使用易导致害虫产生抗性，要与其他农药轮换使用。

（1）氯菊酯　又名二氯苯醚菊酯、除虫精。属低毒杀虫剂。具有触杀和胃毒作用，杀虫谱广，可用于防治果树上多种害虫，尤其适用于卫生害虫的防治。剂型为10%氯菊酯乳油。

（2）溴氰菊酯　又名敌杀死。毒性中等。用于防治棉铃虫、桃

小食心虫等。剂型为2.5%乳油。

(3) 氰戊菊酯　又名速灭杀丁、速灭菊酯。属中等毒性杀虫剂。杀虫谱广，对天敌无选择性，以触杀、胃毒作用为主，适用于防治果树、蔬菜、多种花木上的害虫。剂型为20%乳油。

(4) 氯氰菊酯　又称兴棉宝、安绿宝等。是一种高效、中毒、低残留农药。对人、畜安全。对害虫有触杀和胃毒作用，并有拒食作用，但无内吸作用，杀虫谱广，药效迅速。可防治园林、果树、蔬菜上的多种鳞翅目害虫、蚜虫及蚧虫等。剂型为10%乳油、2.5%高渗乳油和4.5%高效氯氰菊酯乳油。

(5) 顺式氯氰菊酯　又名高效氯氰菊酯。属中毒农药。对昆虫有很高的胃毒和触杀作用，击倒性强，且具杀卵活性。在植物上稳定性好，能抗雨水冲刷。剂型为5%、10%乳油，防治对象同氯氰菊酯。

(6) 三氟氯氰菊酯　又名功夫菊酯。杀虫谱广，具极强的胃毒和触杀作用，杀虫作用快，持效期长。对鳞翅目害虫、蚜虫、叶螨等均有较高的防治效果。剂型为5%乳油。

3. 有机磷杀虫剂

(1) 敌百虫　为高效、低毒、低残留、广谱性杀虫剂。有胃毒(为主)和触杀(弱)作用，剂型为90%晶体、80%可溶水剂和2.5%粉剂等。对鳞翅目幼虫如梨食心虫、桃食心虫、松毛虫、刺蛾、袋蛾等有很好的防治作用。

(2) 辛硫磷　为高效、低毒、无残毒危险的有机磷杀虫剂。有触杀和胃毒作用，适于防治地下害虫，对鳞翅目幼虫有高效，也适用于喷雾防治果树害虫，如卷叶蛾、尺蛾、粉虱类等。在施入土中时，药效期可达1个多月。用于喷雾防治害虫时，极容易光解，药效期仅为2～3天。剂型为50%乳油。

(3) 蔬果磷　又名水杨硫磷。是高效中毒农药，具触杀作用，速效性和持效性好，剂型为40%乳油，适用于防治鳞翅目害虫、蚜虫、介壳虫、梨冠网蝽、天牛等，梨树对此药较敏感，应谨慎施用。

(4) 毒死蜱　又名乐斯本。是高效、中毒农药，有触杀、胃毒和熏蒸作用，剂型为40%乳油，适于防治各种鳞翅目害虫。对蚜虫、害螨、潜叶蝇也有较好防治效果，在土壤中残留期长，也可防治地下害虫。

4. 氨基甲酸酯类杀虫剂

（1）西维因　通名甲萘威。有触杀兼胃毒作用，杀虫谱广，对人、畜低毒。一般使用浓度下对作物无药害。能防治果树的咀嚼式及刺吸式口器害虫，还可用来防治对有机磷农药产生抗性的一些害虫，可用于防治园林刺蛾、食心虫、潜叶蛾、蚜虫等。剂型有25%西维因可湿性粉剂。

（2）抗蚜威　又称辟蚜雾。为高效、中等毒性、低残留的选择性杀蚜剂，具有触杀、熏蒸和内吸作用。有速效性，持效期不长。可用于防治果树上的蚜虫，但对棉蚜效果很差。制剂为50%可湿性粉剂。

（3）异丙威　又称叶蝉散、灭扑散。该药对飞虱、叶蝉科害虫具有强烈的触杀作用，对飞虱的击倒力强，药效迅速，但该药的残效期较短，一般只有3～5天。可用于防治果树飞虱、叶蝉等害虫。常用制剂为2%、4%异丙威粉剂，20%异丙威乳油，50%异丙威乳油。

5. 沙蚕毒素类杀虫剂

（1）杀虫双　杀虫双在土壤中的吸附力很小。有胃毒、触杀、熏蒸和内吸作用，特别是根部吸收力强。是一种较为安全的杀虫剂。对高等动物毒性较低。慢性毒性未发现异常。药效期一般只有7天左右。杀虫双对家蚕毒性大，在蚕桑区使用要谨慎，以免污染桑叶。剂型为25%水剂和3%颗粒剂。

（2）巴丹

又叫杀螟丹。对人、畜毒性中等。对害虫具有触杀和杀卵作用，对鳞翅目幼虫、半翅目害虫特别有效，可用于防治桃小食心虫、苹果卷叶蛾、梨星毛虫、蓟马、蚜虫等。巴丹对家蚕毒性大，使用时要采取措施，以免污染桑叶。制剂为50%可溶性粉剂。

6. 杀螨剂及其他

杀螨剂是指专门用来防治害螨的一类选择性的有机化合物。

（1）三氯杀螨醇　本品杀螨活性高，具较强的触杀作用，对

成、若螨和卵均有效，可用于果树、花卉等作物防治多种害螨。制剂为20%乳油。

（2）尼索朗　本品是一种噻唑烷酮类新型杀螨剂，对多种害螨具有强烈的杀卵、杀幼若螨的特性，对成螨无效，但接触药剂的雌成螨所产的卵不能孵化。残效期长，药效可保持50天左右。该药主要用于防治叶螨，对锈螨、瘿螨防效较差。剂型为5%乳油和5%可湿性粉剂。

（3）克螨特　本品为低毒广谱性有机硫杀螨剂，具有触杀和胃毒作用，对成、若螨有效，杀卵效果差。使用时在20℃以上可提高药效，20℃以下随温度下降而递减。可用于防治蔬菜、果树、茶、花卉等多种作物的害螨。剂型为73%乳油。

（4）螨卵酯　本品对螨卵和幼螨触杀作用强，对成螨防治效果很差。可与各种农药混用。用以防治朱砂叶螨、果树红蜘蛛等。加工剂型有20%可湿性粉剂和25%乳剂。

（5）灭蜗灵　化学名称为四聚乙醛。灭蜗灵主要用于防治蜗牛和蛞蝓。可配成含2.5%～6%有效成分的豆饼或玉米粉的毒饵，傍晚施于田间诱杀。剂型有3.3%灭蜗灵5%砷酸钙混合剂，4%灭蜗灵5%氟硅酸钠混合剂。

7. 天然有机杀虫剂

（1）微生物源杀虫剂

对多种鳞翅目幼虫，如小菜蛾、菜青虫、甜菜夜蛾、斜纹夜蛾、马尾松毛虫等有较好的防治效果。阿维菌素系列制剂对害螨也有良好的防治作用。

① 阿维菌素　又名爱福丁、阿巴丁、害极灭、齐螨素、虫螨克、杀虫灵等。是一种生物源农药，即真菌菌株发酵产生的抗生素类杀虫、杀螨剂，对人、畜毒性高，对蔬菜、果树、花卉、大田作物和林木的蚜虫、叶螨、斑潜蝇、小菜蛾等多种害虫、害螨有很好的触杀和胃毒作用。剂型为0.9%、1.8%乳油或水剂。

② 苏云金杆菌　又名敌宝、包杀敌等。是一种低毒的微生物杀虫剂。该菌是革兰阳性土壤芽孢杆菌，在形成的芽孢内产生晶体（即δ-内毒素），进入昆虫中肠的碱性条件下降解为杀虫毒素。

（2）植物源杀虫剂

① 苦参碱　又名苦参素。是一种利用有机溶剂从苦参中提取的低毒、广谱性植物源杀虫剂，具有胃毒、触杀作用，对蚜虫、蚧、螨和菜粉蝶、夜蛾、韭蛆、地下害虫等有明显的防治效果。剂型为0.2%、0.3%和3.6%水剂，1%醇溶液，1.1%粉剂。

② 茴香素　主要成分是山道年和百部碱，对人、畜安全无毒，而对害虫具有胃毒和触杀作用，可用于防治菜青虫、蚜虫、食心虫、害螨、尺蠖等。制剂遇热、光和碱易分解。制剂为0.65%茴香素水剂。

③ 楝素　又名蔬果净。是一种低毒植物源杀虫剂，具有胃毒、触杀和拒食作用，但药效缓慢，主要用于防治蔬菜上的鳞翅目害虫。剂型为0.5%楝素杀虫乳油、0.3%印楝素乳油。

（3）石油乳剂　它是石油、乳化剂和水按比例制成的。它的杀虫作用主要是触杀。石油乳剂能在虫体或卵壳上形成油膜。使昆虫及卵窒息死亡。该药剂是最早使用的杀卵剂。供杀卵用的含油量一般在0.2%～2%。一般来说，分子质量越大的油，杀虫效力越高，对植物药害也越大。不饱和化合物成分越多，对植物越易产生药害。防治园艺植物害虫的油类多属于煤油、柴油和润滑油。该药剂可用来防治果树林木的介壳虫。使用时注意不要污染环境，不要对植物产生药害。

8. 石硫合剂

石硫合剂可用于防治介壳虫、螨类等。可与其他有机杀虫剂交替使用防治螨类，以减少因长期使用同一种类杀虫剂而产生抗性的可能。因呈强碱性，有侵蚀昆虫表皮蜡质层的作用，对介壳虫和螨类有较好的防治效果。

第五节　梨病害及防治

一、梨黑星病

梨黑星病又称疮痂病。

【症状】

图 10-2 梨黑星病

黑星病为害果实、果梗、叶片、叶柄、新梢、芽和花等，以为害果实和叶为主（图 10-2）。

（1）果实发病初出现淡黄色圆形凹陷斑点，上长黑霉，后病斑木栓化、坚硬、凹陷、龟裂。幼果生长受阻，表现畸形。果实成长期受害，果面上生大小不等的圆形黑色病斑，病斑硬化，表面粗糙，果实不畸形。果梗受害，出现黑色椭圆形凹斑，上长黑霉。

（2）叶片受害，在叶背主枝脉间出现淡黄色斑，沿主脉边缘长出黑色霉状物。病斑互相接合后使整个叶片背面布满黑色霉层。叶柄受害往往导致早期落叶。

（3）新梢受害，初生黑褐色病斑，表面长出黑霉，病斑呈疮痂状，周缘开裂。

（4）芽受害，鳞片变黑色并产生黑色霉状物。受害重的芽枯死，周围形成黑斑。

【发病规律】

病原菌是以当年侵染并定殖在芽内的菌丝体越冬。第二年春季一般在新梢基部最先发病。病梢上产生的分生孢子，通过风雨传播到附近的叶、果上，环境适宜即侵染。

孢子从萌发到侵入寄主组织后经过 14～25 天的潜育期，表现出症状，后产生新的分生孢子造成再次侵染。如阴雨连绵，气温较低，蔓延迅速。晚秋病叶落于地面时，菌丝体已遍布全叶，在严寒到达以前，子囊壳就开始于病组织内形成并发育，但一直停留于未成熟状态，到第二年春天环境条件好转时，继续发育产生子囊孢子。子囊壳多形成于老病斑的边缘，只在潮湿的环境下才形成。分生孢子和子囊孢子均可作为病菌的初次侵染源，以子囊孢子的侵染力较强。

雨季早、持续期长、日照不足、空气湿度大易致病害流行。一般中国梨最易感病，日本梨次之，西洋梨抗病（非寄主）。

地势低洼、通风不良、湿度大的梨园，树势衰弱的梨树，易发生黑星病。

【控制措施】

（1）清理病菌侵染来源　秋末冬初清扫落叶和落果；早春梨树发芽前结合修剪清除病梢、叶片及果实，加以烧毁。发病初期摘除病梢或病花丛。

（2）加强果园管理　增施有机肥料，增强树势，提高抗病力。

（3）药剂保护　在梨树开花前和落花70%左右各喷1次药。后根据降雨情况，每隔15～20天喷药1次，先后共喷4次。在北方梨区，一般第1次喷药在5月中旬（白梨萼片脱落后，病梢初现期），第2次在6月中旬，第3次在6月末至7月上旬，第4次在8月上旬。药剂一般用1∶2∶200波尔多液，也可用50%多菌灵可湿性粉剂500～800倍液；70%甲基托布津可湿性粉剂500～800倍液或70%代森锰锌可湿性粉剂500～600倍液。

二、梨锈病

梨锈病又名赤星病，在梨园附近有桧柏栽培的地区发病严重。春季多雨年份，几乎每张叶片上都长有病斑，引起叶片早枯；幼果被害，畸形，早落，对产量影响大。

梨锈病除为害梨树外，还能为害木瓜、山楂、棠梨和贴梗海棠等。梨锈病病原菌为转主寄生的锈菌，其转主寄主为松柏科的桧柏。此外有欧洲刺柏、南欧柏、高塔柏、圆柏、龙柏、柱柏、翠柏、金羽柏和球桧等。其中以桧柏、欧洲刺柏和龙柏最易感病，球桧和翠柏次之，柱柏和金羽柏较抗病。

【症状】

梨锈病主要为害叶片和新梢，严重时也能为害幼果（图10-3）。

（1）叶片受害，在叶正面出现橙黄色有光泽的小斑点，后扩大为近圆形病斑，病斑中部橙黄色，边缘淡黄色，最外面有一层黄绿色的晕，直径为4～5毫米，表面密生橙黄色针头大的小粒点，即

病菌的性孢子器。天气潮湿时，其上溢出淡黄色黏液，即无数的性孢子。黏液干燥后，小粒点变为黑色。病斑组织逐渐变肥厚，叶片背面隆起，正面微凹陷，在隆起部位长出灰黄色的毛状物，即病菌的锈子器。一个病斑上可产生十多条毛状物。锈子器成熟后，先端破裂，散出黄褐色粉末，即病菌的锈孢子。病斑逐渐变黑，叶片上病斑较多时常早期脱落。

图 10-3 梨锈病

（2）幼果受害，初期病斑大体与叶片上的相似。病部稍凹陷，病斑上密生初橙黄色后变黑色的小粒点。后期在同一病斑的表面产生灰黄色毛状的锈子器。病果生长停滞，往往畸形早落。

（3）新梢、果梗与叶柄被害时，症状与果实上的大体相同。病部稍肿起，初期病斑上密生性孢子器，以后在同一病部长出锈子器。最后，病部发生龟裂。叶柄、果梗受害引起落叶、落果。新梢被害后病部以上常枯死，并易在刮风时折断。

（4）转主寄主桧柏染病后，在针叶、叶腋或小枝上现淡黄色斑点，稍隆起。在被害后的次年 3 月间，渐次突破表皮露出单生或数个聚生的圆锥形的角状物，红褐色至咖啡色，为病菌的冬孢子角。在小枝上发生冬孢子角的部位，膨肿较显著。在数年生的老枝上，有时也出现冬孢子角，该部位膨肿更为显著。春雨后，冬孢子角吸水膨胀，成为橙黄色舌状胶质块，干燥时缩成表面有皱纹的污胶物。

【病害循环】

梨锈病菌以多年生菌丝体在桧柏病部组织中越冬。一般在春季 3 月间开始显露冬孢子角。春雨时，冬孢子角吸水膨胀，成为舌状胶质块。冬孢子萌发后，产生有隔膜的担子，在上面形成担孢子。

担孢子随风飞散。自梨树发芽展叶至花瓣凋落、幼果形成的这段时间，担孢子散落在嫩叶、新梢、幼果上，在适宜条件下萌发，产生侵染丝，直接从表皮细胞侵入，也可以从气孔侵入。梨树自展叶开始直至展叶后 20 天容易感染，展叶 25 天以上，叶片一般不再受感染。

潜育期为 6～10 天。病菌侵入经潜育期后，在叶面呈现橙黄色的病斑，在病斑上长出性孢子器，在器内产生性孢子。性孢子由孔口随蜜汁溢出，经昆虫传带至异性的性孢子器的受精丝上。性孢子与受精丝互相结合，其雄核进入受精丝内完成受精作用，形成双核菌丝体。双核菌丝体向叶的背面发展，形成锈子器。在锈子器中产生锈孢子，这种锈孢子不能再为害梨树，转而侵害转主寄主桧柏的嫩叶或新梢，并在桧柏上越夏和越冬，至翌年春再度形成冬孢子角。冬孢子角吸水胶化，冬孢子萌发产生担孢子，不为害桧柏，只能危害梨树。

梨锈病菌无夏孢子阶段，不发生重复侵染，一年中只有一个短时期内产生担孢子侵害梨树。担孢子寿命不长，传播距离为 2.5～5 千米。

【发病条件】

(1) 转主寄主 病害的轻重与桧柏的多少及距离远近有关，与离梨树栽培区 3.5 千米范围内的桧柏关系最大。

(2) 气候 病菌一般只能侵害幼嫩组织。当梨芽萌发、幼叶初展时，如天气多雨，温度对冬孢子萌发适宜，会有大量担孢子飞散，阴雨连绵或时晴时雨，发病重。2～3 月份的气温高低，3 月下旬至 4 月下旬的雨水多少，是影响当年梨锈病发生轻重的主要因素。

(3) 一般中国梨最感病，日本梨次之，西洋梨最抗病，如慈梨、严州雪梨、二宫白发病较重，鸭梨、今村秋、明月梨等次之，康德梨、晚三吉和博多青较抗病。

【防治方法】

(1) 清除转主寄主 砍除桧柏是防治梨锈病最彻底有效的措施。梨锈病担孢子传播范围一般在 2.5～5 千米，故砍除梨园周围

5千米内桧柏和龙柏等转主寄主，基本可保证梨树不发病。

(2) 喷药保护 梨园近风景区或绿化区，桧柏不宜砍除时，可喷药保护梨树，或在桧柏上喷药，杀灭冬孢子。桧柏上喷药应在3月上中旬进行，以抑制冬孢子萌发产生担孢子。药剂可用3～5波美度石硫合剂或0.3%五氯酚钠。若用0.3%五氯酚钠混合1波美度石硫合剂则效果更好。梨树上喷药，应掌握在梨树萌芽期至展叶后2.5天内喷药保护，即在担孢子传播侵染的盛期进行。我国南方一般在3月下旬（梨萌芽期）开始喷第1次药，以后每隔10天左右喷1次，连续喷3次；雨水多的年份应适当增加喷药次数。药剂可用1∶2∶(160～200) 波尔多液，或65%代森锌可湿性粉剂500倍液，或20%萎锈灵可湿性粉剂400倍液。15%粉锈宁乳剂2000倍液，防治梨锈病有极好的效果。

三、梨轮纹病

梨轮纹病又称瘤皮病、粗皮病，是我国梨树重要病害之一。枝干发病后，促使树势早衰；果实受害，造成烂果，并且引起储藏果实的大量腐烂。此病除为害梨树外，还能为害苹果、花红、桃、李、杏等多种果树。

【症状】

主要危害枝干及果实，其次为叶片（图10-4）。

(1) 枝干受害，以皮孔为中心产生褐色突起的小斑点，扩大为近圆形或不整圆形的暗褐色病斑，直径5～15毫米。初期病斑隆起呈瘤状，后隆起部的周缘逐渐下陷，成凹陷圆圈。第二年病斑上产生许多黑色小粒点，为分生孢子器。随健部木栓形成层的生成，病部周围隆起，病部与健部交界处产生裂缝。当枝干染病严重时，病斑密集，愈合，枝干表面极粗糙。病斑多数限于树皮

图10-4 梨轮纹病

表层，也有部分病斑可达形成层，少数可深入木质部。

(2) 果实多数在近成熟期或储藏期发病。病果起初以皮孔为中心发生近圆形水渍状、褐色的斑点，后扩大呈暗红褐色同心轮纹。后自病斑中心产生黑色小粒点。一个果实上有2～3个病斑。病斑直径一般为5～15毫米。病果易腐烂，流出茶褐色黏液，干缩成僵果。

(3) 叶片发病，产生褐色病斑，略具轮纹，后变灰白色。在灰白色病部，有时生有黑色小粒点。一张叶片上集生很多病斑时，干枯早落。

【发病规律】

枝干病斑中的菌丝和分生孢子器是最主要的侵染来源。越冬的分生孢子器，从第二年春天2月底开始形成和释放分生孢子，分生孢子借雨水传播造成枝干、果实和叶片的侵染。

一般枝干当年形成的病斑上不形成分生孢子，而从病斑形成第二年开始，2～3年是形成分生孢子最主要时期。

梨轮纹病在枝干和果实上潜伏侵染，一般管理粗放、树体生长势弱的树体发病较重。沙梨系品种和白梨系中的鸭梨、雪花梨发病严重；洋梨和秋子梨系的品种较抗病。

【病害循环】

病菌以菌丝体、分生孢子器及子囊壳在病部越冬。在枝干病部越冬的病菌是翌年主要的初次侵染源。病组织中越冬后的菌丝体至第二年春天恢复活动。越冬后的分生孢子器在2月底开始形成分生孢子。分生孢子在下雨时散出，引起初次侵染。病菌孢子传播的范围一般不超过10米，但刮大风时能传到20米远的地方。孢子发芽后经皮孔侵入枝干，约经15天的潜育期出现新病斑。在新病斑上当年很少形成分生孢子器，至第二、第三年才大量产生分生孢子器及分生孢子，13年生以上的病枝干不再形成孢子。

果实感染，在近成熟期开始出现症状。果实成熟期由于植株抗病性减弱，菌丝在果实组织内不断扩展蔓延，症状陆续出现。

【发病条件】

(1) 气候　当气温在20℃以上，相对湿度在75%以上或降雨

量达10毫米时，或连续下雨3～4天，孢子大量散布，病害传播最快。果实染病以在32～36℃时腐烂最快，经5天就全部腐烂。

（2）品种抗病性　日本梨系统的品种发病较重，以20世纪、江岛、太白、菊水发病最重，黄蜜、晚三吉、博多青次之，今村秋较抗病。中国梨中白梨系统的秋白梨、鸭梨、早酥梨等发病重，严州雪梨、莱阳梨、三花梨等发病较轻。西洋梨与中国梨的杂交种康德，抗病力很强。

（3）病害的发生与栽培管理、树势及虫害等有关。肥料不足，树势弱，枝干受吉丁虫为害重及果实受吸果夜蛾、蜂、蝇等为害多的发病较重。

【防治方法】

（1）建立无病苗圃，苗木进行检验　轮纹病通过苗木传播，新建果园时，应进行苗木检验，以防病害传到新区。当苗木枝干上发现有少数病斑时，可用抗菌剂402的50倍液直接涂抹病部，或在涂药前先用刀将病斑沿纵向划几条，后将药液涂刷病部表面。

（2）加强管理　丰产梨园应加施肥料，促使树势生长健壮，提高抗病力。冬季应做好清园，将病死枝条收集烧毁。做好树干害虫防治工作，特别是吉丁虫，以减少树干伤口，防止发病。预防果实发病，可在幼果期（5月上、中旬）套袋。

（3）病部治疗　在枝干发病初期，及时刮除病部。刮除后，用抗菌剂402的100倍液消毒伤口，再外涂843康复剂原液或波尔多浆保护。刮除病部最好在早春进行，早刮治。如刮不彻底，老病疤仍会重新发病。

（4）喷药保护　果树发芽前喷射1次0.3%五氯酚钠混合3波美度石硫合剂的混合液。后在病菌孢子大量飞散的5～7月间，结合其他病害防治，喷射50%多菌灵可湿性粉剂1000倍液；70%甲基托布津可湿性粉剂1000倍液；70%代森锰锌可湿性粉剂600倍液；80%敌菌丹可湿性粉剂1000倍液；或1∶2∶200波尔多液。每隔半月左右喷1次，连续喷4次，以保护果实枝干和叶片。

（5）在梨轮纹病严重发生的地区，考虑选栽抗病性强的品种。

四、梨黑斑病

【症状】

主要危害果实、叶片及新梢（图 10-5）。

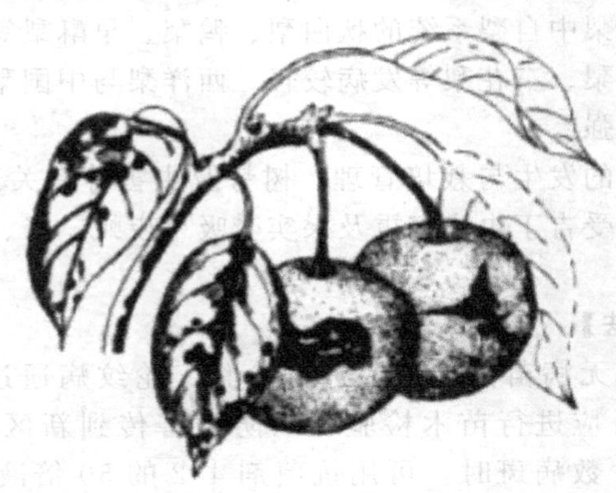

图 10-5　梨黑斑病

（1）幼嫩的叶片最早发病，开始时产生针头大、圆形、黑色斑点，以后斑点扩大成近圆形或不规则形，中心灰白色，边缘黑褐色，有时微现轮纹。潮湿时病斑表面遍生黑霉，即病菌的分生孢子梗及分生孢子。叶片上长出多数病斑时，相互愈合成不规则形的大病斑，叶片畸形，早期落叶。

（2）新梢上的病斑，早期黑色，椭圆形，稍凹陷，后扩大为长椭圆形，凹陷明显，淡褐色，病部与健部分界处常产生裂缝。

（3）幼果受害初在果面上产生一个至数个黑色圆形针头大斑点，后扩大成椭圆形。病斑略凹陷，表面遍生黑霉。果实长大时，果面龟裂，裂隙达果心，在裂缝内产生黑霉，病果早落。在重病果上常数个病斑合并为大病斑，全果变漆黑色，表面密生墨绿色至黑色的霉。

【病害循环】

病菌以分生孢子及菌丝体在被害枝梢、病芽、病果梗、树皮及落于地面的病叶、病果上越冬。第二年春季，越冬的和病组织上新产生的分生孢子，通过风雨传播。孢子萌发后经气孔、皮孔侵入或

直接穿透寄主表皮侵入，初次侵染。在枝条新旧病斑上陆续产生的分生孢子不断引起重复侵染，一个生长季节可重复10次以上。嫩叶易被感染。接种后一天，即出现病斑。老叶上潜育期较长，展叶1个月以上的叶片不受感染。

南方一般在4月下旬，平均气温达13～15℃时，叶片开始出现病斑，5月中旬随气温增高病斑逐渐增多，6月梅雨期至7月初病斑急剧增加，进入发病盛期。果实于5月上旬开始出现少量的黑色病斑，有光泽，微下陷。6月上旬病斑增大，6月中下旬果实龟裂，6月下旬病果开始脱落，7月下旬至8月上旬病果脱落最多。

【发病条件】

(1) 气候　一般气温在24～28℃，连续阴雨时，利于黑斑病的发生、蔓延。此病在南方一般从4月下旬开始发生，至10月下旬以后才逐渐停止。以6月上旬至7月上中旬发病最严重。

当温度达20℃以上时，春雨多，孢子出现早，散发量多，反之孢子出现迟而少。

(2) 树势　二十世纪品种，树龄在10年以内，树势健壮的，发病轻；树龄在10年以上，树势衰弱的发病重。果园肥料不足，或偏施氮肥、地势低洼、植株过密，利于发生。

(3) 品种　一般日本梨系统的品种易感病，西洋梨次之，中国梨较抗病。日本梨系统的品种以二十世纪发病最重，博多青、明月、太白次之，再次为八方、菊水、黄蜜等，晚三吉、今村秋和赤穗抗病性最强。

【防治方法】

(1) 清园　在果树萌芽前清园。剪除有病枝梢，清除果园内的落叶、落果，集中烧毁。

(2) 加强栽培管理　在果园内间作绿肥，增施有机肥，使梨树健壮，增强抵抗力。地势低洼、排水不良的果园，开沟排水。合理修剪，通风透光，降低园内湿度。发病后及时摘除病果，减少侵染的菌源。

(3) 套袋　套袋时间南方一般在5月上中旬以前进行。黑斑病菌芽管能穿透纸袋侵害其内果实，套袋用旧报纸制成的普通纸袋防治病害的效果不大。

(4) 喷药保护　在梨树发芽前，南方约3月上中旬，喷1次0.3%五氯酚钠与3波美度石硫合剂的混合液，以杀灭枝干上越冬的病菌。生长期，南方一般在落花后至梅雨期结束前，需喷药保护。前后喷药间隔期为10天左右，共需喷药7～8次。

药剂可用50%扑海因可湿性粉1000倍液；1∶2∶(160～200)波尔多液；65%代森锌可湿性粉剂500倍液；80%敌菌丹可湿性粉剂1000～1200倍液。套袋的果园，套袋前必须喷药1次，喷后立即套袋。套袋后喷药次数可以减少。

(5) 发病严重的地区，应避免栽植二十世纪等感病品种，可栽植中国梨或选栽赤穗、晚三吉、今村秋等抗病性强的品种。

五、梨褐斑病

梨褐斑病又称斑枯病、白星病。南方梨区发生较普遍，浙江三花梨品种发病较重，严重发病的果园，大量落叶，影响产量。

【症状】

仅为害叶片，在叶片上发生近圆形褐色病斑，后扩大。严重的叶片，有病斑数十个，后愈合成褐色斑块。病斑初褐色，后期中间褪呈灰白色，密生黑色小点，周围褐色，最外层为黑色。

【病害循环及发病条件】

病菌以分生孢子器及子囊果在落叶的病斑上越冬。第一、第二年春季分生孢子或子囊孢子通过风雨散布。孢子黏附在新叶上，在环境条件适宜时发芽侵入叶片，引起初次侵染。在梨树生长期，病斑上能形成分生孢子器，成熟的分生孢子，可通过风雨传播，再次侵害叶片。在整个生长季节中，有多次侵染，可陆续引起叶片发病。

5～7月天气多雨、潮湿时发病重。南方病害一般在4月中旬开始发生，5月中下旬盛发。

【防治方法】

(1) 清园　冬季扫除落叶，集中烧毁，或深埋土中，杜绝病菌来源。

（2）加强管理　梨树丰产后增施肥料，使树势健壮。雨后注意排水。

（3）喷药保护　早春在梨树萌芽期，南方约在3月中下旬，结合梨锈病防治，喷第1次药剂。落花后，当病害初发时，约在4月中下旬喷第2次药。

杀菌剂种类及浓度可参考梨黑星病的药剂防治。

六、梨干枯病

干枯病发生后，引起枝干开裂，皮层腐烂或枯死，损失大。

【症状】

苗木被害，于茎干部表面生圆形、污暗色水渍状斑点，后扩大成赤褐色病斑。后病斑下陷，病健交界处产生裂缝，在病斑表面长出很多黑色小粒点，即病菌的分生孢子器。病斑扩展，凹陷部超过整个枝干直径1/2以上时，病部以上枝干即逐渐枯死。

成年梨树主干及分枝都能受害，一般在第一分枝上发生较多，症状与苗木上相似。严重时病部下陷，树皮开裂、翘起，露出木质部，整个分枝枯死，在病死树皮上散生很多黑色细小粒点。

【病害循环】

梨干枯病菌以多年生菌丝体及分生孢子器在被害枝干上越冬。越冬后的分生孢子器在春雨时挤出分生孢子，借雨水传播，引起初次侵染。病组织内的菌丝体，在适宜的环境条件下能不断扩展。一般在5月上中旬开始扩展，至6月份天气温暖，病斑扩展更快。病菌孢子萌发后侵入枝干主要通过伤口。

【发病条件】

土层瘠薄的山地或砂砾多的地栽培梨树发病较重，土层厚的平原或有机质丰富的地发病较轻；地势低洼、排水不良的果园发病较重，地势高、排水良好的果园发病较轻；肥料不足、生长势差的梨树发病重，肥料充足、生长势健壮的梨树发病轻。

梨干枯病主要为害中国梨和日本梨，西洋梨很抗病。

【防治方法】

（1）加强管理　生长衰弱的梨树，增施肥料，使树势健壮。冬季结合修剪，剪除病枝和枯枝，烧毁，并喷1次5波美度的石硫合剂，或40%福美胂100倍液，保护枝干。果园注意排水。

病害可通过苗木传播，凡从病区引进的苗木必须严格检验，病苗禁止运入。

(2) 药剂防治　已发病的苗木，于发病初期刮除病部，用100倍抗菌剂402溶液消毒伤口，外涂波尔多浆保护；或在刮除病斑后，外涂843康复剂。也可不刮除病斑，而用刀纵向划几条，然后涂刷50倍抗菌剂402溶液。在苗木生长期，可喷1∶2∶200波尔多液，或50%多菌灵1000倍液，以保护枝干。

成年树枝干上的发病情况与梨轮纹病相似，可以参照梨轮纹病的防治方法。

七、梨树腐烂病

梨树腐烂病又称臭皮病。西洋梨受害最重，发病后全株死亡，对生产影响大。

【症状】

主要为害主枝和侧枝。发病初期，病部稍隆起，水渍状，呈红褐色至暗褐色，手压病部稍凹陷溢出红褐色汁液。病斑椭圆形或不整形，组织解体，易撕裂，腐烂并发出酒精气味。

【病害循环】

以菌丝体、分生孢子器及子囊壳在梨树枝干病部越冬。于春季盛发，秋季发生较轻，夏季病害不发展。

【发病条件】

(1) 土质　土质为泡砂土的梨园，一般发病较重，青砂土的梨园发病较轻。

(2) 树龄及枝干部位　幼树发病较轻，七八年以上的结果树及老树发病较重。病斑以在第一次及第二次分枝的粗枝干上发生为多，主干及小枝较少受害。病斑多发生在枝干西南向阳的一面，树干分叉的地方也容易发病。

(3) 品种　西洋梨发病较重；中国梨品种如砀山酥梨、黄梨、面梨等次之；京白梨、秋白梨、慈梨、鸭梨及日本梨系统的二十世

纪梨很少发病，花盖梨抗病力最强。

【防治方法】

刮治或重刮皮。在梨树腐烂病发生严重的地区，用棠梨作砧木繁殖梨树，是防病的有效措施。

第六节　梨虫害及防治

对梨危害较重的虫害有10多种，其中基本每个梨园每年都需防治的有食心虫类、梨木虱、叶螨类，部分果园为害较重的有黄粉蚜、绿盲蝽、介壳虫类；梨网蝽、梨茎蜂、蝽象类、梨二叉蚜、壁虱类等在个别梨园发生较重。

一、梨小食心虫

梨小食心虫属鳞翅目，小卷叶蛾科。又叫桃折梢虫，东方果蠹蛾。

【为害】

梨小食心虫以幼虫蛀食梨的果实。

梨果被害，在早期蛀果孔较大并有虫粪排出，蛀果孔周围凹陷、变黑、腐烂，俗称“黑膏药”。后期为害梨果时，蛀果孔很小，幼虫入果后直向果心蛀食，果面有虫粪排出，有时幼虫从果实萼凹处蛀入，向外排出虫粪。被害果易脱落。

【形态特征】

（1）成虫　体长4.6～6毫米，翅展10.6～15毫米，全体灰褐色，无光泽。前翅灰褐色，无紫色光泽（苹小食心虫前翅有紫色光泽），翅上密布白色鳞片；两翅合拢后，双翅外缘形成的夹角为钝角（苹小食心虫为锐角）。

（2）卵　初产乳白色，后变淡黄白色。扁平，椭圆形，中央隆起，半透明。

（3）幼虫　共5龄。低龄幼虫头和前胸背板黑色，体白色。老熟幼虫体长10～13毫米，头部黄褐色，前胸背板浅黄褐色，体淡黄白色或粉红色，臀板上有深褐色斑点。腹足趾钩单序环30～40

个，臀足趾钩20～30个。腹部末端有臀栉4～7根。

（4）蛹　体长6～7毫米，黄褐色。

（5）茧　白色，扁圆形。

【发生规律】

在辽宁南部、新疆及华北大部分地区1年3～4代，黄河故道、陕西关中1年4～5代，南方各省1年6～7代。

以老熟幼虫在树体主干、主枝翘皮裂缝及树干基部近地面处结茧越冬。也有幼虫在果仓、果品包装箱及石块旁越冬。

越冬代成虫翌年4月中旬开始羽化，5月中下旬为羽化盛期，并产卵于桃梢端叶背面。初孵幼虫蛀入桃梢，1个幼虫可危害3～4个嫩梢，幼虫老熟后在桃树上结茧化蛹。第1代成虫发生及产卵盛期为6月上中旬。孵化出的幼虫仍危害桃、杏梢。第2代成虫发生及产卵盛期在7月中下旬，晚发生者常和第3代成虫重叠。第2代成虫开始向梨树上转移，产卵于梨、晚熟桃、山楂、中晚期苹果等果实的果面、萼洼、两果相接处等。第3代幼虫8～9月份发生，主要为害果，还有少量幼虫为害梨梢。第3代成虫8月中旬为羽化盛期，多产卵于梨、山楂和晚熟品种的桃上。第4代幼虫8～10月份发生，完全为害果实。

成虫白天多静伏在叶、枝和杂草等处，黄昏后活动，对糖醋液和果汁及黑光灯有趋性，对合成性诱剂诱芯有强烈趋性。成虫在羽化当天至6天内交配，多数成虫一生交配1次，少数2～3次。羽化后1～3天开始产卵，夜间产卵较多，1头雌虫产卵量可达100粒，卵散产于叶背、果底、柄洼等处。成虫寿命一般5～7天，最长可达15天；我国中部第1代卵期7～10天，以后各代为4～6天；幼虫期14～18天；蛹期11～15天；从卵至成虫的发育周期为30～50天。

初孵幼虫爬行速度很快，20分钟即可蛀果（梢）危害，幼虫一生转移危害2～3梢。在苹果、梨果实上可从萼洼附近蛀入，深入果心危害。一般一果只有1头幼虫。幼虫老熟后一般在枝干翘皮裂缝、果实萼洼处化蛹。也有幼虫老熟后不出果，在果内化蛹。

梨小食心虫一般在雨水多、湿度高的年份，成虫产卵数量多，

危害严重，桃、梨混栽园发生重。

味甜、皮薄、肉质细的鸭梨、杜梨、砀山酥梨、明月等受害重；质粗、石细胞多的品种受害轻。

梨小食心虫的天敌主要有白茧蜂、黑青小蜂、中国齿腿姬蜂、松毛虫赤眼蜂、白僵菌等。

【防治方法】

（1）新建果园，应避免桃、梨、苹果混栽或栽植过近，以减轻为害。

（2）人工防治　果实采收前，在树干上绑草绳，诱集越冬幼虫，冬季集中处理。早春刮除树干上的翘皮，集中销毁，消灭越冬幼虫。

（3）春夏季及时剪除桃树被蛀枝梢或在桃梢上喷洒50%杀螟硫磷乳油1500倍液、50%马拉硫磷乳油1000倍液、2.5%溴氰菊酯乳油2500倍液等，可控制梨小从桃树向梨树转移，降低为害程度。

（4）性诱剂防治

① 诱杀法　可在成虫发生期，用性诱剂加糖醋液制成水碗诱捕器，每天或隔日清除虫尸，加足糖醋液。糖醋液的配制方法是红糖1份、醋2份、水20份。根据虫口密度，每667米^{2}地挂5～15个。

② 迷向法防治　在果园释放大量性诱剂，使雄蛾找不到雌蛾，释放方法包括竞争释放和弥漫释放，竞争释放要在果园每棵树上都释放多个散发器，和田间雌蛾形成竞争。弥漫释放就是高剂量释放，淹没田间雌蛾释放的性激素，可采用少点高剂量释放。

（5）生物防治　6月下旬至7月下旬，成虫在梨果上产卵期间，释放赤眼蜂，每公顷释放37.5万头，寄生率可达90%，保果效果好。

（6）药剂防治　成虫高峰期到卵孵化初盛期喷药。在华北地区梨园，在7月中下旬用性外激素诱捕器进行成虫发生期预测，准确掌握喷药时期。当监测诱捕器诱到大量成虫后，开始喷药。

常用药剂有50%杀螟硫磷乳油1000倍液、40%毒死蜱乳油1500倍液、20%氰戊菊酯乳油2000倍液、2.5%溴氰菊酯乳油

2500倍液等。防治次数一般为2～3次，间隔期15天左右。

二、梨大食心虫

梨大食心虫又叫梨斑螟蛾，俗称吊死鬼、黑钻眼。属鳞翅目、螟蛾科。

【为害】

幼虫多为害花芽，从芽的基部蛀入，直达髓部，虫孔外有细小虫粪，有丝缀连，被害芽瘦小干瘪，越冬后的幼虫从越冬的虫芽中转到健康芽上。先在芽鳞内吐丝缠缀鳞片，花序分离期为害花序，使凋萎枯死。

幼果被害后，蛀孔处有虫粪，幼虫在果柄基部吐丝，将果柄缠在果台上，果实不脱落，干后变黑，果吊在枝条上，俗称“吊死鬼”，是该病典型特征（图10-6）。

图10-6 梨大食心虫

【形态特征】

（1）成虫 体长10～12毫米，翅展24～26毫米。全体暗灰褐色，前翅具紫色光泽，距翅基部1/3和2/3处，各具灰白色横线1条；翅外缘有一列小黑点。后翅灰褐色，外缘毛灰褐色。

（2）卵 稍扁，椭圆形，初产时黄白色，以后渐变为红色。

（3）幼虫 老熟幼虫体长17～20毫米，头部和前胸盾片为褐色，身体背面为暗红褐色至暗绿色，腹面色稍浅。臀板为深褐色，腹足趾钩为双序环，无臀栉。小幼虫污白色，和梨小食心虫可从臀栉上区分。

（4）蛹 长10～13毫米，初化蛹时翠绿色，后渐变为黄褐色，第10节末端有小钩刺6根。

【发生规律】

在吉林1年发生1代，山东、河北1年发生1～2代，河南1年发生2～3代。各地均以幼龄幼虫在被害芽（主要是花芽）内结茧越冬。被害芽瘦弱，外部有一个很小的虫孔。

河北越冬幼虫于3月下旬梨芽萌动时开始出蛰转害新芽（主要是花芽），花序分离时为出蛰终止期，转芽为害附近的芽。待花序抽出后，幼虫即在花序基部为害，吐丝缠缀鳞片，使不脱落。将要开花时，幼虫蛀孔果台，致花序萎蔫，个别幼虫蛀入芽心，使芽枯死，引起第二次转芽为害。4月下旬，当梨幼果生长发育到拇指大小时，幼虫从枯死的花芽里爬出，转移为害幼果。转果盛期在5月下旬，华北地区5月中下旬，幼果受害最为严重。幼虫在果内为害约20天，即行化蛹，一般一头幼虫可为害2～3个幼果。越冬代成虫发生期在6月上中旬至7月上中旬，盛期在6月下旬。发生2代的幼虫，为害一个芽后，转果为害，或孵化后的幼虫直接蛀果为害，害果期自6月中旬至8月上旬，在果内老熟后化蛹。梨采收前后大都已羽化完毕。第1代成虫的羽化期为7月下旬至8月中下旬，这一代成虫的卵大部分产在芽上或芽的附近，幼虫孵化，短期为害，蛀入新芽越冬。

【防治方法】

（1）人工防治　冬春季剪枝时，剪除虫芽；花期和幼果期及时摘除被害花序、虫果，将虫芽、被害花序和虫果集中深埋或烧毁。

（2）药剂防治　出蛰到转芽、由芽到转果和幼虫孵化3个时期是三个关键时期，应抓住这三个关键时期防治。1年发生1～2代的地区，防治关键时期在幼虫转芽期，即梨花芽开绽期。1年发生3代的地区，防治重点时期是幼虫转果期，即梨幼果脱萼期。

常用药剂有2.5％溴氰菊酯乳油2000倍液、90％敌百虫晶体500倍液、50％敌敌畏乳油1000倍液。在虫口密度较大的果园，连续喷药2次，间隔期10天。第1、第2代卵孵化盛期，要在幼虫蛀入果、芽之前用药。

（3）生物防治　梨大食心虫的天敌较多，主要有寄生蜂和寄生蝇类，应设法保护利用。

三、桃小食心虫

【分布与为害】

在国内分布于东北、华北、西北、华中、华东等果产区。寄主有苹果、海棠、沙果、梨、山楂、桃、杏、李、枣等。以苹果和枣受害最重。

桃小食心虫主要为害苹果、枣等果实，局部地区梨受害严重，初孵幼虫从果实胴部蛀入，蛀孔流出泪珠状汁液，不久干成一片白色蜡质粉末，中间蛀孔成一针尖大小黑点，随着果实膨大，蛀孔处略凹陷，前期受害的果实多畸形为“猴头果”。幼虫在果肉中串食一段时间后，集中在果心为害，排虫粪于虫道内，形成“豆沙馅”，果实失去商品价值。

【形态特征】

(1) 成虫　体长7～8毫米，翅展16～18毫米，灰褐色，复眼红色，雌蛾下唇须长且前伸，雄蛾下唇须短而上翘。前翅近前缘中央有一个黑褐色三角形斑，并有9个突起的蓝褐色毛丛。

(2) 卵　椭圆形，初产淡黄色，后变橙红色，顶端有2～3圈Y形刺毛。

(3) 幼虫　老熟幼虫体长13～16毫米，桃红色，小幼虫黄白色。前胸背板褐色，无臀刺。

(4) 蛹　体长6～8毫米，由淡黄色渐变为黄褐色，接近羽化时变为灰黑色。体壁光滑无刺。

(5) 茧　有两种，一种为扁圆形的越冬茧（也称冬茧），由幼虫吐丝缀合土粒而成，直径6毫米；另一种为纺锤形的化蛹茧（也称夏茧），质地松软，长8～13毫米。

【发生规律】

桃小食心虫在辽宁、山东、河北、山西、陕西等苹果产区1年发生1代，部分个体发生第2代。在甘肃天水一带1年发生1代。以老熟幼虫在3～13厘米土层内结冬茧越冬。山地、坡地、杂草丛生的梯田果园，幼虫多在树冠外围土层或土块下越冬。平地果园，幼虫多在树干周围、树冠内土层中结茧越冬。越冬幼虫翌年5月中旬开始出土，6月中下旬为出土盛期。期间如遇雨水或灌水，幼虫出土集中，出土时间短。如干旱无水，幼虫出土不整齐，出土时间长，可达60多天。幼虫出土后，在1～2天内爬向树干基部附近的土块、杂草等缝隙处作夏茧，在其中化蛹。蛹期10～18天。越冬

代成虫 7 月上旬为羽化盛期。羽化的成虫 2～3 天后开始产第 1 代卵。第 1 代幼虫主要蛀食杏及桃果，幼虫在果内发育完成后，往外咬一圆孔脱出果外，落地作夏茧化蛹，最早在 7 月中旬，在辽宁省南部地区可继续发生第 2 代。7 月中旬以后脱果者入土作冬茧直接越冬。第 1 代成虫 7 月底至 8 月上中旬羽化，第 2 代卵盛期在 8 月中下旬，此代成虫卵量高于越冬代数倍。第 2 代幼虫在 8 月下旬后开始脱果。

成虫羽化后白天不活动，栖息在树上或杂草上，日落后 1～3 小时最活跃，无明显趋光性和趋化性。羽化后经过 1～3 天后产卵，卵多散产于苹果萼洼处，少数产于梗洼和叶背，1 头雌虫能产卵 10～100 多粒不等。卵期一般 7～10 天。

幼虫孵化后在果面上爬行数十分钟或数小时，寻找适当部位啃咬果皮，咬下的果皮不吞食，大部分幼虫从果实胴部蛀入果内，幼虫入果后直入果心，取食果实种子，后食果肉。幼虫蛀果后 2～3 天蛀果孔开始流出果胶。幼虫期 13～25 天，蛹期平均 14 天，成虫期 3～6 天，长者达 10 天。

【防治方法】

（1）果实套袋　4 月套袋可有效控制为害，要在桃小产卵前套上袋，套袋时间不能过晚，一般要在 5 月底以前套完，6 月套袋的果园要根据当地桃小发生情况，桃小产卵期没能套袋的果树，先喷药预防，后套袋。

（2）地面防治　当上年虫口密度高时，在翌年越冬幼虫出土期地面施药防治。每 667 米^2 可用 40％毒死蜱乳油或 50％辛硫磷乳油 0.5 千克，加水 200 千克喷雾，喷在树冠下，喷药前先把地面杂草清除，使用辛硫磷时，喷药后一定要把药搅入土中，以防光解。喷药后间隔 20 天再喷 1 次。

（3）树上防治　在 6 月麦收后，及时挂食心虫性诱剂诱捕器，监测成虫发生量，当平均每天每碗诱到 10 头蛾以上时，树上调查卵果率，一般树上部较易查到卵，可用 2.5％溴氰菊酯乳油 2500 倍液、4.5％高效氯氰菊酯乳油 1500 倍液或 40％毒死蜱乳油 2000 倍液喷雾。第 1 代幼虫大量脱果后 10 天左右，用诱捕器监测下一代成虫发生期，检查卵果率，达防治指标后及时喷药防治。

(4) 人工防治　在堆果场和果窖，可先铺上沙土，桃小脱果入土后，筛茧处理。从6月开始，每半个月摘除虫果1次，拣拾落果以处理。

(5) 生物防治　桃小出土期，地面喷施白僵菌，每667米^{2}使用2千克，加水200千克喷于树盘下。

四、桃蛀螟

【为害】

桃蛀螟食性很杂，以幼虫为害桃、向日葵最为严重，也可为害李、杏、梅、核桃、梨、苹果、柿、葡萄等果树。

为害梨果时，果内外堆积大量虫粪，有黄褐色黏液，常在两果相内贴处为害，果实被害后常腐烂脱落，对产量影响大。该病对品种有较强的选择性。

【形态特征】

(1) 成虫　成虫体长10毫米左右，全身橙黄色，胸部、腹部及翅面散生许多大小不等的黑色斑点。

(2) 卵　椭圆形，长约0.6毫米，初呈乳白色，后变为红褐色。

(3) 幼虫　老熟幼虫体长约22毫米，体色变化大，有淡褐、暗红等色，背面带紫红色，腹面淡绿色，前胸背板褐色，身体各节有粗大的灰褐色毛片8个。

(4) 蛹　长约13毫米，长椭圆形。

【发生规律】

在辽宁南部1年发生2代，山东1年发生3代，一般华北地区1年发生2～4代，均以老熟幼虫在树皮裂缝、树洞、土、石缝、玉米、高粱秆（穗）、向日葵盘中越冬。翌年5～6月份出现越冬代成虫，6月上旬为产卵盛期，5月下旬至7月中旬发生第1代幼虫，7月下旬至8月上旬为第1代成虫发生盛期，7月中旬至8月底发生第2代幼虫，8月上旬至9月上中旬发生第3代幼虫，9月底幼虫陆续越冬。

成虫趋光性强，趋向在果树的果实上或扬花期的高粱穗上、向

日葵花盘上产卵。卵多产在果子的胴部、肩部、梗洼、两果紧贴的缝隙及果实背阴面等处。卵期一般3～6天。初孵幼虫先蛀食果皮，后从果梗基部沿果核蛀入果心危害。一个桃果内常有数条幼虫，部分幼虫可转果危害。幼虫5龄，老熟后在果内或两果相接触处结茧化蛹。

桃蛀螟幼虫常被黄眶离缘姬蜂所寄生。

【防治方法】

(1) 人工防治　春季越冬幼虫化蛹前，处理向日葵、花盘、玉米秸秆等，及时刮除树干老粗皮，烧毁、消灭越冬幼虫；及时摘除虫果、清理落果，集中处理；在桃蛀螟发生以前，将梨树疏果套袋。

(2) 诱杀成虫　用黑光灯、糖醋液、性引诱剂等诱杀成虫，并进行预测预报。

(3) 药剂防治　在第1代和第2代成虫产卵高峰期及时喷药防治，每代均匀周到喷药1～2次。可用20%氰戊菊酯乳油、2.5%溴氰菊酯乳油2500倍液、4.5%高效氯氰菊酯乳油1500倍液，或者50%杀螟硫磷乳油1500倍液、40%毒死蜱乳油2000倍液喷雾。

五、叶螨

主要有山楂叶螨、苹果全爪螨、二斑叶螨。

【为害】

(1) 山楂叶螨　山楂叶螨主要为害苹果、梨、桃、李子、杏、山楂，其中苹果、梨、桃受害最重。山楂叶螨主要在叶背面为害，叶片受害后，从叶正面可见失绿的小斑点，严重时失绿黄点连成片，呈黄煳色，最终全叶变为焦黄色，可引起大量落叶，可以造成二次开花，不但影响当年产量，而且对以后两年的树势、产量产生不良影响。

(2) 苹果全爪螨　苹果全爪螨属蛛形纲，蜱螨目，叶螨科。也叫苹果红蜘蛛。主要为害苹果，也可为害梨、沙果等果树。该螨常和山楂叶螨混合发生。苹果全爪螨为害叶片不易识别，叶片受害后颜色变灰暗色，仔细观察正面出现许多失绿小斑点，整体叶貌类似苹果银叶病为害，一般不出现提早落叶。

（3）二斑叶螨　二斑叶螨属蛛形纲，蜱螨目，叶螨科。俗称白蜘蛛。二斑叶螨为害作物种类繁多，可为害100多科植物，常见的果树均可受害，对苹果、梨、桃、杏、樱桃等均可严重为害，地面间作的草莓、蔬菜、花生、大豆等也可严重受害。叶片受害后症状和山楂叶螨相似，叶正面出现黄褐色斑点，严重时造成落叶。

【形态特征】

（1）山楂叶螨

① 成螨　成螨体形椭圆形，背前端隆起，长约0.7毫米，越冬雌螨鲜红色，夏季深红色，刚毛细长，基部无瘤。

② 幼螨　足3对，黄白色。

③ 若螨　足4对，淡绿色。

④ 卵　圆球形，黄白色。

（2）苹果全爪螨

① 成螨　成螨体形半卵圆形，整个背隆起，长约0.5毫米，深红色，卵越冬，刚毛粗长，毛基有黄白色瘤。

② 幼螨　足3对，淡红色。

③ 若螨　足4对，暗红色。

④ 卵　葱头状，顶端有1毛，夏型橘红色，冬型暗红色。

（3）二斑叶螨

① 成螨　体形椭圆，整个背隆起，长约0.6毫米，越冬型橘红色，夏型污白色，背有2个深褐色斑，刚毛细，中等长。

② 幼螨　足3对，黄白色。

③ 若螨　足4对，灰绿色，具2斑。

④ 卵　圆球形，黄白色。

【发生规律】

（1）山楂叶螨　山楂叶螨在北方果区一般为1年发生3～13代，如辽宁3～6代，河北3～7代，河南12～13代，在甘肃的天水、兰州等地6～7代，河西地区3～5代。各地均以受精雌成螨越冬，越冬部位多在枝干树皮缝内、树干基部3厘米的土块缝隙里。

越冬雌成螨在日平均气温 9～10℃，苹果花芽膨大期开始出蛰（华北、西北地区分别在 4 月上中旬前后)。展叶到花序分离、初花期（西北地区约为 4 月下旬前后，华北地区约为 4 月中旬前后）是出蛰盛期，越冬雌螨出蛰盛期至产卵前是早春化学防治的第 1 个关键时期。雌螨危害嫩叶 7～8 天后开始产卵，盛花期前后产卵最多，落花后 1 周左右卵基本孵化完毕，出现第 1 代幼、若螨和尚未产卵的雌成螨，发生比较集中，是该螨防治的第 2 个关键时期。此后各代世代重叠现象严重，防效很难理想。进入高温季节后，不及时控制，很易形成全年的危害高峰，高温季节来临前是控制危害的关键时期。8～10 月份产生越冬型成螨。

叶螨类天敌种类很多，自然发生的种类包括食螨瓢虫、塔六点蓟马、捕食螨。

(2) 苹果全爪螨　苹果全爪螨在辽宁兴城 1 年发生 6～7 代，山东莱阳 1 年发生 4～8 代，河北昌黎 1 年发生 9 代，西北地区 1 年发生 7～8 代。以卵在 2～4 年生的小枝条、短枝和果台上越冬。越冬卵的孵化始期与国光苹果的花序分离期或元帅苹果的花蕾变色期相吻合，苹果开花前基本结束。越冬卵孵化集中，是苹果全爪螨早春防治的第 1 个关键时期。越冬代成螨的发生期与元帅品种的花期基本一致，即始花期（5 月上旬初）为盛发期，盛花期（5 月中旬前后）达高峰，终花期（5 月下旬初）发生量下降，5 月底 6 月初基本结束。盛花期始见第 1 代卵，花后 1 周左右（5 月底 6 月初)，第 1 代卵大部分孵化，并有一部分刚达成螨，但尚未产卵，此时为第 2 个防治适期。此后，世代重叠，危害也越来越严重；药剂防治更困难。全年危害最重的时期为 7～8 月份。8 月中下旬至 9 月上旬左右，陆续出现冬雌，开始产冬卵越冬。

(3) 二斑叶螨　二斑叶螨在南方 1 年发生 20 代以上，北方 1 年发生 7～15 代。在北方地区以受精雌成螨在枝干树皮裂缝、粗皮下、剪锯口翘皮内及树干基部周围土缝、残枝落叶下或杂草根际等处吐丝结网，潜伏越冬。越冬雌成螨在北方 3 月中旬至 4 月上中旬开始出蛰，南方在 2 月下旬至 3 月上旬即可出蛰。

在山东，二斑叶螨的越冬雌成螨在日平均气温 10℃左右时（3

月下旬至4月中旬）开始出蛰，4月中旬至5月中旬为缓慢增殖期，集中在树体内膛危害；麦收前后（6月上旬至7月上中旬）为扩散蔓延期，由内膛向外扩散危害，内膛叶片受害严重；7月下旬至8月中旬（安徽砀山在7月上旬至8月下旬）发生猖獗，是全年的危害高峰期；高峰期过后，随气温的逐渐下降，种群数量明显衰退，危害随之减轻；9月下旬以后陆续进入越冬场所，10月份后出现越冬态。

【防治方法】

（1）农业防治　刮除树上越冬成螨或冬卵；害螨进入越冬态后挖除或早春害螨出蛰前用土埋压距树干0.3～0.6米范围内的表土；二斑叶螨严重危害的田块或果园，可通过铲除田（果）园内或地边的部分杂草，减少越冬雌成螨的数量。

（2）保护和利用自然天敌资源　在果园种植藿香蓟、油菜、紫花苜蓿等显花植物，为天敌的繁衍提供潜所和补充食料，提高天敌对害螨的自然控制效果。有条件的可人工繁殖释放捕食螨或其他天敌。

（3）药剂防治

① 果树休眠期防治　果树发芽前喷布5%蒽油乳剂、3～5波美度石硫合剂对山楂叶螨的越冬雌螨效果很好。

② 花前、花后防治　掌握关键时期，降低早期螨量基数，控制后期猖獗。山楂叶螨、二斑叶螨的关键期是越冬雌螨出蛰期，掌握在大部分越冬雌成螨已经上树，但产卵之前，华北地区约在4月中旬前后（苹果花序分离至初花期，花前1周左右）；当年第1代卵孵化盛期，绝大部分卵已经孵化，有的虽已经发育为成螨，但尚未产卵之前（落花后1周左右）。为了防止少数尚未孵化的卵继续孵化，此期防治的药剂最好选择兼有杀成螨、若螨和杀卵作用的药剂。苹果全爪螨应掌握越冬卵孵化盛期（花前1周左右），约5月上旬；第1代卵孵化盛期（落花后1周左右），约5月底。选用对天敌较安全、杀成螨和幼若螨作用强，低温型或对温度不太敏感的药剂有1.8%阿维菌素乳油750～1500毫升/公顷、5%霸螨灵（唑螨酯）悬浮剂300～450毫升/公顷、10%螨即死（喹螨特）乳油

225～300 毫升/公顷和 20%杀螨酯可湿性粉剂 600～900 克/公顷等。

③ 生长期防治 6 月下旬至 7 月份，甚至到 8 月份，是叶螨繁殖最快的时期。此期防治的药剂要求除有杀幼、若、成螨作用外，最好还具有杀卵作用。

六、中国梨木虱

中国梨木虱属同翅目、木虱科。

【为害】

梨木虱食性专一，主要为害梨树，造成叶片干枯和脱落。梨木虱成、若虫均可为害，春季多集中于新梢、叶柄为害，夏、秋多在叶背取食。成虫及若虫吸食芽、叶及嫩梢汁液，若虫在叶片上分泌大量蜜汁黏液，常将相邻叶片黏合在一起，诱发煤烟病，污染叶片和果实，受害叶片出现褐色枯斑，严重时引起早期落叶，影响产量和果实品质。新梢受害，发育不良，萎缩。

蜡质较厚的京白梨、八里香等品种受害轻，鸭梨、蜜梨和茌梨等叶片蜡质较薄的品种受害重。

【形态特征】

有冬型和夏型。冬型体长 2.8～3.2 毫米，体褐色。中胸背板有 4 条橙红色纵纹。翅透明，翅脉褐色，前翅臀区有明显的褐斑。夏型体长 2.3～2.9 毫米，体色多变。绿色者仅中胸背板与腹部末端黄色，小盾片具黄褐色带，余为绿色；黄色者除胸部背面黄褐色外，余为黄色；其他腹部多为绿色，足黄色。头或头胸部黄色。

冬卵黄色。夏卵白色。一端钝圆，具短柄；一端尖细，具细丝。

初龄若虫白色或浅黄色，后变绿色。体椭圆形。翅芽向前和向外突出。复眼红色。

【发生规律】

中国梨木虱在我国 1 年发生 3～6 代，以冬型成虫在寄主树皮缝隙内、落叶、杂草及土缝中越冬。翌年寄主花芽膨大时越冬成虫开始出蛰危害，交尾和产卵。发生 4～5 代的地区，第 1 代成虫发生于5月上旬至6月上旬，第2代发生于6月上旬至7月中旬，第3代发生于7月上旬至8月下旬，第4代发生于8月上旬至9月份，第5代发生于9月下旬，世代重叠严重。9月下旬至10月份成虫转入越冬，翌年早春温度在0℃以上开始活动。第1代若虫孵化后钻入刚绽开的花丛或已裂开的芽内，或在嫩叶及新梢上危害，以后各代多在叶面危害。成虫活泼善跳。

中国梨木虱在干旱季节发生重，降雨多的季节发生轻。在河北中南部梨区雨季前危害比较严重。

天敌有花蝽、草蛉、寄生蜂及捕食性螨类、瓢虫、蓟马等。

【防治方法】

(1) 农业防治　越冬期清理园内枯枝落叶和杂草，集中烧毁，早春刷刮翘起的老树皮，可减少中国梨木虱的虫源。

(2) 保护和利用天敌　据报道，中国梨木虱第1、第2代有63.3%的死亡个体是天敌寄生所致。木虱的捕食性天敌有瓢虫、草蛉等。

(3) 药剂防治　加强早期防治，在越冬成虫出蛰盛期，即第1代卵出现初期，大部分越冬成虫尚未产卵，成虫暴露在枝条上，是喷药防治的有利时机。在喷第1次药后，隔10天左右再喷1次，可基本控制危害。

可选用10%吡虫啉可湿性粉剂2500倍液、20%双甲脒乳油1500倍液、1.8%阿维菌素乳油5000倍液等。

除常规化学防治法外，可混加500～1000倍液的洗衣粉喷雾，去除若虫上的黏液进行防治，效果较好。

七、苹小卷叶蛾

苹小卷叶蛾属鳞翅目，卷蛾科。幼虫俗称舐皮虫。

【为害】

苹小卷叶蛾食性杂，是为害苹果、桃等的重要害虫，还可为害梨、山楂、李、杏、柑橘等果树，在榆、刺槐、丁香、大叶黄杨等林木上也可为害。

幼虫吐丝缀叶，越冬幼虫卷食新梢，后期新梢、老叶均可受

害，并常将叶片缀贴在果面上，幼虫啃食果面，形成连片的小坑。严重时造成落果。

【形态特征】

(1) 成虫　体长6～8毫米，体黄褐色。前翅基斑、中带和端纹褐色。后翅浅灰褐色。

(2) 卵　扁平，椭圆形。淡黄色，孵化前深灰色。数十粒呈鱼鳞状排列。

(3) 幼虫　老熟幼虫体长13～17毫米，浅绿色至翠绿色，头淡黄绿色，头侧后缘单眼区上方有一褐色斑纹，前胸盾片黄褐色。臀栉6～8齿。

(4) 蛹　体长9～11毫米，黄褐色。第2～7腹节背面各有两横列刺突，前列较粗而稀，后列细小而密。尾端有8根钩状刺。

【发生规律】

在辽宁、华北地区1年发生3代，山东1年发生3～4代，江苏、安徽、湖北及关中和中原地区1年发生4代，均以2龄幼虫在枝干翘皮下、粗皮缝、剪锯口周围裂缝、潜皮蛾危害的爆皮中及枝上粘贴的枯叶下结白色茧越冬。翌年苹果花芽开绽时越冬幼虫出蛰，金冠苹果品种花盛开时为出蛰盛期。出蛰幼虫爬向花蕾、幼芽、嫩叶剥食。展叶后，将几片嫩叶缀连成苞食害。出蛰后25天左右老熟，在卷叶内或缀叶间化蛹。世代重叠现象严重，各代成虫发生盛期大体分别为3代区，6月上中旬，7月下旬至8月上旬，9月上中旬；4代区，5月中下旬，6月下旬至7月上旬，8月上旬前后，9月中旬前后。平均卵期，第1代10.2天（19.4℃），第2代6.7天（25℃），第3代6.8天（25.7℃）；幼虫期18.7～26天。蛹期6～9天。

成虫昼伏夜间活动，有趋光性和趋化性，对果汁、果醋趋性很强。卵产于叶面上，排成鱼鳞状。刚孵化的幼虫多分散在附近叶的背面，以及前一代幼虫危害遗留的叶苞内剥食芽、幼叶。稍大时，吐丝缀连梢部几片嫩叶成苞，匿居其中剥食叶肉成纱网或孔洞，常将叶片缀贴在果实上，藏于其中啃食果皮及浅层果肉，造成虫疤，影响果品质量，幼虫俗称“舔皮虫”。9～10月，最后一代幼虫进入各种越冬场所越冬。

【防治方法】

(1) 农业防治　在越冬出蛰前，刮除老翘皮和潜皮蛾为害的爆皮，集中烧毁，再用80%敌敌畏乳油100倍液封闭老剪锯口，消灭越冬幼虫。于4月中下旬越冬代幼虫和5～6月第一代幼虫卷叶为害时，人工摘除虫苞。

(2) 诱杀防治　利用成虫趋化性，在越冬代和第1代成虫发生期，可用性诱剂加糖醋液诱杀成虫。糖醋液配制方法为糖：酒：醋：水＝1：1：4：20。

(3) 生物防治　成虫产卵期释放赤眼蜂，每次每株释放1000头左右，间隔5天释放1次，连放4次可取得良好效果。

(4) 喷药防治　在越冬幼虫出蛰初盛期及各代卵孵化盛期，可喷洒昆虫生长调节剂类药剂，如20%虫酰肼乳油2000倍液、25%灭幼脲悬浮剂1500倍液，最好不要喷洒广谱性的菊酯类药剂，防效不高，杀伤天敌严重。

八、梨二叉蚜

梨二叉蚜属同翅目，蚜科。又叫梨蚜。

【为害】

梨二叉蚜以成、若虫群集梨树芽、叶、嫩梢和茎上吸食汁液，以春季为害梨树新梢叶片为重，被害叶由两侧向正面纵卷呈筒状，后皱缩、变脆，严重时引起早期脱落。

【形态特征】

(1) 成虫　无翅胎生雌蚜体长约2毫米，绿色、黄褐色，被白色蜡粉。头部额瘤不明显，复眼红褐色，触角丝状6节。有翅胎生雌蚜体略小，长约1.5毫米，灰绿色，复眼暗红色，触角6节，口器达后足基部，额瘤微突出，前翅中脉分两叉，故称二叉蚜。

(2) 卵　椭圆形，长约0.7毫米，黑色有光泽。

(3) 若虫　无翅，绿色，体较小，形态与无翅胎生雌蚜相似。

【发生规律】

梨二叉蚜1年发生多代，以卵在梨树芽附近和果台、枝杈等缝

隙内越冬。梨芽萌动时越冬卵孵化，初孵若虫群集于露绿的芽上为害。花芽现蕾后钻入花序中为害花蕾和嫩叶，展叶期集中到嫩梢叶面为害，被害叶片向正面纵卷呈筒状，蚜虫为害叶背面稍有增生不平。以新梢顶端叶片受害最重。新梢期大量繁殖，是全年重点为害期。一般落花后大量出现卷叶，为害繁殖至落花后10～15天开始出现有翅蚜，5～6月份迁飞离开梨园。9～10月份又迁飞回梨树上产卵越冬。卵散产于枝条、果台等各种缝隙处，以芽腋处最多，严重时常数十粒密集在一起。

华北一年春秋两季于梨树上繁殖为害，春季为害较重，造成大量卷叶，影响枝梢生长，早期落叶；秋季为害较轻。干旱年份为害较重。

主要天敌种类有草蛉、瓢虫、食蚜蝇、蚜茧蜂等。

【防治方法】

(1) 人工防治　在发生数量不大的情况下，早期剪除被害卷叶，集中处理。

(2) 药剂防治　在梨树花芽开绽前，越冬卵大部分孵化、梨树展叶但未造成卷叶时，进行防治，一般喷1次药即可控制为害；在上年发生严重的情况下，连续喷药2次效果更好。药剂有70%吡虫啉水分散粒剂10000～12000倍液、48%毒死蜱（乐斯本）乳油1200～1500倍液、40%毒死蜱可湿性粉剂1000～1200倍液、10%吡虫啉可湿性粉剂1500～2000倍液、4.5%高效氯氰菊酯乳油或水乳剂1500～2000倍液、5%高效氯氟氰菊酯水乳剂3000～4000倍液等。另外，春季梨芽萌动后，越冬卵大部分已孵化时，可喷含油量1%的柴油乳剂。

九、梨黄粉蚜

梨黄粉蚜属同翅目，根瘤蚜科。又叫梨黄粉虫。

【分布与为害】

梨黄粉蚜食性单一，只为害梨。鸭梨、雪花梨、香水梨和巴梨受害较重。成虫和若虫以刺吸式口器吸食果实的汁液，也可刺吸枝、叶、嫩皮汁液。常群集在果实的萼洼部位为害。梨果受害处初产生黄斑、稍有下陷，黄斑周缘产生褐色晕圈，后变褐色斑，被害部表皮硬化龟裂形成大黑疤，俗称“膏药顶”。

【形态特征】

（1）成虫　梨黄粉蚜为多型性蚜虫，分为干母、普通型、性母型和有性型4种。干母、普通型及性母型的成虫均为雌性，行孤雌卵生，倒卵圆形，长约0.7毫米，鲜黄色。有性型雌虫体长约0.5毫米，雄虫0.3～0.4毫米，长椭圆形，鲜黄色。

（2）卵　越冬卵长约0.33毫米，淡黄色；普通型和性母型的卵，长0.26～0.30毫米，初淡黄绿色，渐变为黄绿色。

（3）若虫　共4龄，与成虫相似，虫体较小，淡黄色。

【发生规律】

1年发生8～10代，以卵在梨树翘皮裂缝下越冬。翌年梨树开花时，越冬卵孵化。若虫在翘皮下取食危害。在河北6月下旬转到果上为害。被害果面上有一堆堆黄粉。生长繁殖期行孤雌生殖，越冬时产生性母，孤雌产雌、雄。然后产生有性卵越冬。

成虫活动力较差，多喜在背阴处栖息吸食，套袋处理的梨果更易遭受为害。带有虫体的梨果，在窖藏期间仍继续为害，萼洼被害部逐渐变黑而腐烂。普通型成虫每天最多产卵10粒，一生平均产卵约150粒。生育期内各代卵期5～6天，若虫期7～8天。

一般无萼片的梨品种受害轻，有萼片的梨品种受害重。老树受害重，地势高处的梨品种受害轻。雨量大或持续降雨不利发生，温暖干燥有利发生。

梨黄粉蚜的主要天敌有草蛉、花蝽、瓢虫等。

【防治方法】

（1）农业防治　彻底刮除树干老翘皮，清除树体残存物集中烧毁，消灭越冬卵。有条件的果园可对果实进行套袋，注意在套袋前对该虫进行防治。

（2）药剂防治　在梨树发芽前喷洒5%柴油乳剂或3～5波美度石硫合剂，杀灭越冬卵。在转果为害期防治，7～8月果实上发现为害但未形成褐斑时喷药，喷洒50%抗蚜威可湿性粉剂3000倍液或溴氰菊酯、速灭杀丁、溴氰菊酯等2000倍液。

十、梨圆蚧

梨圆蚧属同翅目，盾蚧科。又叫梨枝圆盾蚧，俗称“树虱子”。

【为害】

梨圆蚧能为害果树的所有地上部分，包括枝干、叶片和果实，但以枝干为主。若虫和雌成虫刺吸枝干汁液，引起皮层爆裂，枝梢干枯甚至整株死亡。果实受害，多在萼洼和梗洼处，围绕介壳形成紫红色的斑点，降低果品价值。叶片被害呈灰黄色，逐渐干枯脱落（图 10-7）。

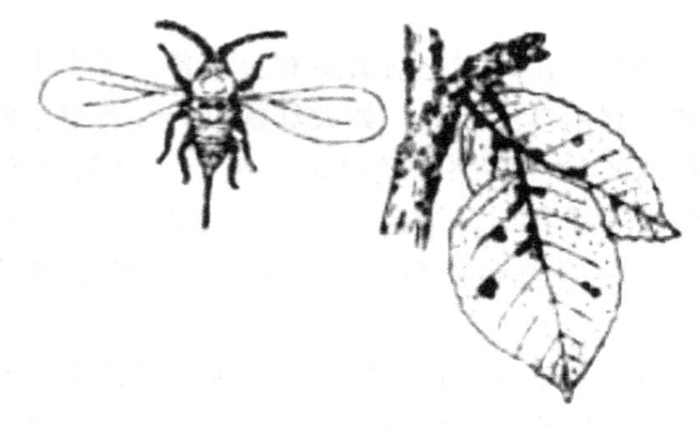

图 10-7　梨圆蚧

【形态特征】

（1）成虫　雌成虫卵圆形，长 0.8～1.4 毫米，乳黄色至鲜黄色，臀板褐色。雄成虫体长 0.6～0.8 毫米，触角 10 节，念珠状。

（2）若虫　初孵若虫椭圆形，乳黄色；体长 0.25～0.27 毫米。触角 5 节，足发达，腹末有 1 对白色尾毛。固定后分泌灰白色圆形介壳，直径 0.25～0.40 毫米，2 龄若虫触角和足退化，雌若虫体形与雌性成虫相似，黑色；雄若虫体形与介壳至 2 龄呈长圆形或圆形。

【发生规律】

梨圆蚧在中国南方 1 年发生 4～5 代，北方 1 年发生 2～3 代。均以 2 龄若虫和少量受精成虫在植物枝干上越冬。翌年春季开始取食，介壳内虫体由黄褐色变为鲜嫩的乳黄色。梨园蚧雄虫有翅会飞。雌虫无翅，形成介壳，发育成熟时雌雄交尾。梨圆蚧营卵胎生生殖，单雌产仔数平均100多头。产出的若虫很快钻出母介壳在树上爬行，转移扩散，向嫩枝、果实、叶片上转移为害，1～2天后开始分泌蜡质形成介壳。在枝条上为害，以2～5年生枝干上较多，主要集中在枝干阳面为害。

以晚熟品种果实受害重，早熟品种受害轻。

梨圆蚧的天敌主要有梨圆蚧小蜂、红点唇瓢虫和肾斑唇瓢虫等。

【防治方法】

（1）介壳虫类自身的扩散传播能力较差，实施苗木检疫可杜绝其传播。

（2）结合修剪　在卵孵化前剪除有虫枝条，带出果园后处理。

（3）保护、利用自然天敌，如大红瓢虫、金黄蚜小蜂等。

（4）休眠期防治　在梨树落叶后，喷布5波美度石硫合剂或40%～60%的煤焦油乳剂，结合冬剪，及时剪去严重受害枝梢。3月中下旬，梨花芽萌动期喷布3～5波美度石硫合剂或5%柴油乳剂。

（5）药剂防治　雄虫羽化和雌虫产仔期，若虫分散转移期至分泌蜡质形成介壳之前，是药剂防治的关键时期，加入0.1%～0.2%洗衣粉，效果好。常用的农药有50%马拉硫磷或杀螟松1000倍液、15%噻嗪酮可湿性粉剂1500～2000倍液、40%毒死蜱乳油1000倍液。在上述农药中加入含油量0.3%～0.5%的柴油乳剂，对已开始分泌蜡质介壳的若虫也有良好的杀伤作用。

十一、草履蚧

草履蚧属同翅目，绵蚧科。又叫草履硕蚧、草履介壳虫。

【为害】

若虫、成虫密集于细枝芽基部刺吸危害，使芽不能萌发，或发芽幼叶枯死，常暴发成灾。

【形态特征】

（1）成虫　雌成虫体长10毫米，背面有皱褶，扁平椭圆形，似草鞋，周缘、腹面淡黄色，体被白色蜡粉。雄虫体长5～6毫米，

翅展10毫米，体紫红色，头胸部淡黑色。

(2) 卵　椭圆形，黄白色渐呈赤黄色，产于白色绵状卵囊内。若虫形似成虫。

【发生规律】

1年发生1代，以卵囊在土中越冬。翌年1月中下旬越冬卵开始孵化，2月中旬至3月中旬为出土盛期。若虫多在中午前后沿树干爬到嫩枝顶部的顶芽、叶腋和芽腋间，待新叶初展时群集顶芽上刺吸为害，稍大后喜在直径5厘米左右粗细的枝上取食，并以阴面为多。3月下旬至4月下旬第二次蜕皮后陆续转移到树皮裂缝、树干基部、杂草落叶中、土块下，分泌白色蜡质薄茧化蛹，5月上旬羽化。雄成虫飞翔力弱，略有趋光性。雌若虫第三次蜕皮后变为雌成虫，交配后沿树干下爬到根部周围的土层中产卵，卵产于白色绵囊中进行越夏、越冬，雌虫产卵后即干缩死去。田间为害期为3～5月。6月以后树上虫量减少。

【防治方法】

(1) 秋、冬季结合梨树栽培管理，翻树盘、施基肥，挖除土缝中、杂草下及地堰等处的卵块烧毁。

(2) 树干绑杀虫带　早春草履蚧若虫开始上树，在树干光滑处绑5厘米宽塑料带，下缘内折或直接缠胶带，当树皮粗糙时，先刮去一圈老粗皮，后在塑料带上涂药膏，药膏涂在塑料带上的下半部，不要涂在树皮上，每米长涂药膏5克。若虫接触药膏即被杀死。也可在树干上涂黏虫胶，涂抹1圈10～20厘米宽的黏虫胶，若虫上树时，即被胶黏着而死。

(3) 药剂防治　若虫上树初期，在梨树发芽前喷3～5波美度石硫合剂，发芽后喷40%西维因胶悬剂800倍液或48%毒死蜱乳油或50%马拉硫磷或辛硫磷乳油1000倍液。

十二、康氏粉蚧

康氏粉蚧属蚧亚目，粉蚧科。又名梨粉蚧、李粉蚧、桑粉蚧。

【为害】

以成若虫刺吸寄主的幼芽、嫩枝、叶片、果实及根部汁液。嫩枝受害后叶片肿胀。或形成虫瘿。果实受害后畸形。套袋果被害，成虫和若虫常群集于果实萼洼处为害。嫩枝和根部被害，树皮纵裂，枯死。

【形态特征】

(1) 成虫　雌成虫体长3～5毫米。体粉红色，体外被白色蜡质分泌物，体缘具17对白色蜡刺。

(2) 卵　椭圆形，常数十粒成块，外被白色蜡粉而成囊状。

(3) 若虫　与雌成虫相似。1年发生2～3代，各虫态均可越冬。危害盛期在5～8月份。

【发生规律】

在河南、河北1年发生3代，在吉林1年发生2代。以卵在树干翘皮下、树皮缝隙、土石缝等处越冬。在河北，翌春梨树发芽时，越冬卵孵化为若虫，食害寄主植物幼嫩部分。第1代若虫发生盛期在5月中、下旬。第2代为7月中、下旬。第3代在8月下旬。

雌若虫发育期为35～50天，蜕皮3次即为雌成虫。雄若虫发育期为25～37天，蜕皮2次后化蛹，羽化为成虫。雌雄交尾后，雌成虫将卵产在枝干粗皮裂缝内或果实萼洼、梗洼等处，产卵时，雌成虫分泌大量棉絮状蜡质物，卵即产在其中。套袋果受害，主要是把虫或卵套入袋内，或扎口不严，卵产在套袋里，虫体不易接触药剂，可使果实受害。成虫产卵后皱缩死亡，以卵越冬。

【防治措施】

(1) 冬、春季刮除树干翘皮，消灭越冬卵。在秋季雌成虫产卵前，束草，诱集成虫前来产卵，冬季消灭越冬虫卵。

(2) 药剂防治　早春喷洒95%机油乳剂50～100倍液，或3～5波美度石硫合剂；在5月中下旬第1代若虫发生期及以后各代若虫发生期（未分泌蜡质前）集中进行药剂防治。在果实套袋前，进行药剂防治。常用的药剂有48%毒死蜱1500倍液等。

十三、茶翅蝽

茶翅蝽属半翅目，蝽科。别名臭椿象、臭木蝽、茶色蝽。

【分布与为害】

分布于东北、华北、河南、山东、安徽、湖北、四川、云南等地，主要为害梨、苹果、桃、李、杏、山楂、樱桃、海棠、梅、柑橘、柿、石榴等果树，并可为害榆树、桑树以及大豆等植物。以成虫、若虫吸食果实、嫩梢及叶片汁液。梨果被害，常形成疙瘩梨，果面凹凸不平，受害处变硬，果肉木栓化。桃、李受害，常有胶滴溢出。

【形态特征】

（1）成虫　体长15毫米。扁椭圆形，灰褐色略带紫红色，触角丝状。前胸背板前缘有4个黄褐色小点横列。

（2）若虫　与成虫相似，无翅。前胸背板两侧有侧突。

（3）卵　常20～30粒并排成列。卵粒短圆筒状，似茶杯，灰白色，近孵化时黑褐色。

【发生规律】

茶翅蝽1年发生1代，以成虫越冬。在河北省梨区，越冬成虫5月份出蛰，先危害桑树，再转害柿树，6月上旬转到梨树上危害，并产卵繁殖。6月中旬至8月中旬为产卵盛期。卵历期10～15天，若虫于7月中旬后陆续羽化为新成虫。以7月份至8月上旬梨树果实受害最为严重。9月下旬成虫开始越冬。成虫和若虫受到惊扰或触动时，即分泌臭液，并逃逸。

【防治方法】

（1）农业防治　在果实采收后，成虫越冬前，用秸秆在果园周围搭建草棚，诱集成虫越冬，草棚口朝向南面，冬季集中烧毁。受害严重的果园，在产卵和为害前果实套袋。

（2）药剂防治　于越冬成虫出蛰高峰期和低龄若虫期喷农药，若虫孵化期对药剂比较敏感。可用50%马拉硫磷乳油1000～1200倍液、40%毒死蜱乳油1500倍液、2.5%溴氰菊酯乳油、2.5%高效氯氟氰菊酯乳油或20%甲氰菊酯乳油2500倍液等菊酯类药剂。

十四、梨网蝽

梨网蝽属半翅目，网蝽科。又叫梨网蝽。

【分布与为害】

分布很广，在辽宁、河北、河南、湖南、江苏、广东、广西等地均有发生，管理粗放的果园受害较重。主要寄主有梨、苹果、海棠、桃、樱桃、山楂等，以梨和苹果受害最为普遍。以成虫、若虫群集在叶背吸食汁液，使叶片正面形成苍白色斑点。叶片背面为锈黄色，并散布黑色排泄物，极易识别。受害严重时，使叶片早期脱落，严重影响树势和产量。

【形态特征】

(1) 成虫　体长3.5毫米，暗褐色。头小，复眼黑色，触角4节。前胸背板有纵隆起，向后延伸如扁板状，盖住小盾片，两侧向外突出呈翼片状。前翅长方形，具黑褐色斑纹，静止时两翅叠起，黑褐色斑纹呈“X”状。

(2) 若虫　共5龄。初孵若虫乳白色，后渐变成深褐色。3龄后有明显的翅芽，腹部两侧及后缘有一环黄褐色刺状突起。成长若虫头、胸、腹部均有刺突。

(3) 卵　长椭圆形。一端略弯曲，长约0.6毫米。初产淡绿色半透明，后变为淡黄色。

【发生规律】

梨网蝽在长江流域1年发生4～5代，北方果区1年发生3～4代。以成虫越冬。翌年春季4～5月份陆续出蛰取食活动。5月中旬后果园中各种虫态同时出现，世代重叠。1年中以7～8月份危害最严重。成虫产卵于叶背面的叶肉内，常数粒至几十粒相邻，单产于叶片主脉两侧的叶肉内。每雌产卵15～60粒。卵期15天左右。初孵若虫有群集习性，2龄后逐渐扩散。成、若虫均喜欢群集于叶背主脉附近危害，被害处叶面呈现出黄白色斑点，斑点扩大至全叶苍白，早落叶。叶背和下边叶面上常落有黑褐色带黏性的分泌物和粪便，可诱发煤污病，影响树势和来年结果。10月中旬后成虫开始越冬。

【防治方法】

(1) 清除果园内落叶、杂草，刮除老翘皮，消灭越冬成虫。在成虫越冬前树干束草，诱集成虫越冬。

(2) 药剂防治　在4月中旬越冬成虫出蛰至5月下旬第1代若虫孵化末期进行防治，以压低春季虫口密度。也可在夏季大发生前进行，以控制7～8月的为害。可用50%马拉硫磷1500倍液、40%毒死蜱乳油1500倍液等进行防治。

十五、梨象甲

梨象甲属鞘翅目，卷象科。又名梨象鼻虫、梨虎。

【分布与为害】

成虫啃食果皮、果肉，也可取食嫩芽，成虫取食果实常造成果面数个小坑相连，并且成虫在产卵前，先将果柄咬伤，造成落果。幼虫在果内蛀食，造成果面凸凹不平，为害严重时对梨树的产量和品质影响很大。

【形态特征】

(1) 成虫　体紫铜色，有金属光泽。前胸背面有一倒"小"字形凹陷。翅鞘上的刻点粗大，排成9列。

(2) 卵　椭圆形，乳白色，近孵化时乳黄色，表面光滑。

(3) 幼虫　乳白色。体表多横皱，略弯曲。头部小，黄褐色，大部缩入前胸内。

(4) 蛹　初乳白色，渐变黄褐色至暗褐色，体表被细毛。

【发生规律】

梨象甲1年发生1代，以成虫潜伏在树冠下深约6厘米的土室内越冬；有少数个体2年发生1代，第1年以幼虫越冬，翌年夏秋季羽化，不出土继续越冬，第3年春季出土。越冬成虫在梨树开花时开始出土，梨果拇指大时出土最多，出土时间很长。华北地区从4月下旬至7月上旬均有出土者，以5月下旬至6月中旬为盛期。成虫出土后飞到树上，主要在白天活动，以中午前后气温较高时最活跃，成虫补充营养1～2周后，开始交尾产卵。产卵时先把果柄基部咬伤，后在果面咬口，在孔内产卵1～2粒。产卵处呈黑褐色斑点，一般每果产1～2粒卵。6月中下旬为产卵盛期，成虫寿命很长，产卵期可达2个月左右。每雌产卵最高可达150粒，卵期6～8天，初孵幼虫向果心蛀食，受害果落地后，幼虫仍在果内蛀食，老熟后脱果入土，老熟幼虫一般在5～7厘米土壤深度做土室化蛹。

成虫有假死性，早晚气温低时，受惊扰后即假死落地。在中午前后气温较高时，遇惊扰虽假死落下，但多数于半空中即飞去。

香水梨受害最重，鸭梨、白梨稍轻。

【防治方法】

（1）春、秋耕翻梨园，减少虫源。

（2）捕杀成虫　在成虫出土期清晨振树，下接布单、塑料薄膜等物捕杀振落的成虫。成虫出土期长，在成虫出土期间需经常进行，特别是降雨之后，成虫出土集中，应抓紧时机捕杀成虫。

（3）捡拾落果　及时捡拾落果集中处理，消灭其中幼虫。

（4）药剂防治

①地面喷药　常年虫害发生严重的梨园，于越冬成虫出土始期，尤其是雨后，在树冠下喷施50%辛硫磷乳油2.25～3升/公顷，药后15天再施1次。

②树上喷药　树上喷50%马拉硫磷乳油1.87升/公顷，10～15天1次，共喷2～3次。

十六、梨茎蜂

梨茎蜂属膜翅目，茎蜂科。又名梨梢茎蜂，俗称折梢虫、剪头虫。

【为害】

以成虫产卵为害春梢和幼虫为害当年生枝。当新梢长至6～7厘米时，成虫用锯状产卵器将嫩梢4～5片叶处锯伤，再将伤口下方3～4片叶柄锯断，仅留基柄，然后将卵产于近伤口处的嫩梢组织内，新梢被锯后萎蔫下垂，干枯脱落。幼虫在残留的小枝橛内向下蛀食为害。

【形态特征】

（1）成虫　体长7～10毫米，体黑色，有光泽。口器、前胸背板后缘两侧、中胸侧板、后胸两侧及后胸背板的后端均为黄色。

（2）卵　长椭圆形，乳白色半透明。

（3）幼虫　老熟幼虫体长 10～11 毫米，共 8 龄。头淡褐色，胸、腹部黄白色，体稍扁平。胸足极小，无腹足。

（4）蛹　为裸蛹，长 7～10 毫米，初为乳白色，羽化前黑色。茧棕黑色。

【发生规律】

梨茎蜂 1 年发生 1 代，以老熟幼虫在被害枝内越冬。开花期成虫逐渐羽化，鸭梨盛花后 5 天为成虫产卵高峰。成虫产卵时，先用锯状产卵器将嫩梢 4～5 片叶处锯伤，将卵产在伤口下 2～4 毫米处的嫩组织里。成虫产卵期约持续半个月。卵期 7 天，幼虫孵化后向枝橛下方蛀食，老熟后头向上做茧休眠越冬。

【防治方法】

（1）春季成虫产卵结束后，剪除产卵枝梢，从断口处以下 2 厘米处剪除。结合冬剪，在成虫羽化前剪除被害枝梢，集中烧毁。

（2）梨树开花前，在果园悬挂黄色粘板，每 667 米^2 悬挂 10 块 20～24 厘米黄色粘板，挂在树冠中上部背阴面空旷处，梨树坐果后去除，防误杀天敌。

（3）药剂防治　成龄果园一般不需喷药防治，幼树园或高接换头的梨园需喷药防治。当新梢长至 5～10 厘米时（花序分离期至铃铛球期）和梨落花后各喷药 1 次。常用药剂有 48%毒死蜱乳油 1200～1500 倍液、40%毒死蜱可湿性粉剂 1000～1200 倍液、4.5%高效氯氰菊酯乳油或水乳剂 1500～2000 倍液、2.5%高效氯氟氰菊酯乳油 1500～2000 倍液等。

十七、金缘吉丁虫

金缘吉丁虫属于鞘翅目，吉丁甲科。又叫翡翠吉丁虫，俗称串皮虫。

【为害】

幼虫在梨树枝干皮层纵横串食，蛀入木质部，破坏输导组织，造成树势衰弱。成虫危害寄主的叶片。

【形态特征】

（1）成虫　全体翡翠绿色，带金黄色光泽。前胸背板及鞘翅外缘红色。前胸背板密布小刻点，背面有5条蓝黑色纵纹。

(2) 卵　椭圆形，长约2毫米，初产乳白色，逐渐变为黄褐色。

(3) 幼虫　前胸背板中央有1个明显凹入的“人”形纹，腹部末端圆钝、光滑。

(4) 蛹　为裸蛹，初乳白色，后变深褐色。

【发生规律】

江西1年发生1代，山西2年发生1代，陕西3年发生1代。大多以老熟幼虫、少数以中小幼虫在被害枝干木质部的浅处或皮层下越冬。翌春越冬幼虫继续危害。成虫发生期一般在5月上旬至6月下旬。成虫具假死性，夜间极为活跃。

弱树受害重，树势健壮受害轻。

【防治方法】

(1) 人工防治　冬季刮除在树皮浅层为害的幼虫。利用成虫的假死习性，在成虫发生期于早晨振树捕杀成虫。在幼虫发生期，幼树被害处凹陷、变黑，用刀将皮层下的幼虫挖除。

(2) 药剂防治　成虫发生期，在成虫易产卵的主干、大枝分杈部位喷洒，触杀羽化产卵成虫。药剂有20%氰戊菊酯乳油、2.5%溴氰菊酯乳油、2.5%高效氯氟氰菊酯乳油1000倍液。

十八、梨实蜂

梨实蜂属膜翅目，叶蜂科。又名梨实叶蜂，俗名花钻子。

【分布与为害】

成虫产卵子花萼组织内，产卵处呈小黑点状。幼虫串食花萼片，被害处变黑。幼果被害处变黑，有时堆有黑色虫粪。后期凹陷，干枯变黑、脱落。

【形态特征】

(1) 成虫　体长4～4.5毫米，黑色有光泽；第一、第二节黑色，其余各节雌虫为褐色，雄虫为黄色；雌虫腹面后端中央呈沟状，雄虫腹面后端为腹板所盖。

(2) 卵　长椭圆形，体长0.8～1毫米，初产乳白色，后变淡

黄色。

(3) 幼虫　老熟幼虫体长8～9毫米，淡黄白色，尾端背面有一黄褐色斑纹。

(4) 蛹　裸蛹，长约4.5毫米，全体白色，复眼黑色，藏于黑褐色茧内。

【发生规律】

梨实蜂在全国各梨区1年均发生1代，以老熟幼虫在树冠下3～10厘米土中结茧越冬。北方果区，翌年3月化蛹，蛹期7天左右，到3月下旬、4月上旬梨树花序分离期成虫开始羽化，成虫羽化期比较整齐。成虫羽化后，群集杏花、李花吸食花蜜，不产卵，待梨花开放时再转移到梨花上产卵、为害。5月上、中旬为幼虫为害期，为害时间2周左右。5月下旬幼虫老熟，由原蛀孔脱出，入土越冬。越冬期11个月。

成虫有假死性。

【防治方法】

(1) 人工防治　利用成虫假死性，在成虫发生期早晚振落捕杀。结合疏花疏果，疏除成虫产卵的花和受害幼果。在被害幼果脱落期，及时拾取落地虫果，集中销毁。

(2) 药剂防治

① 在成虫出土期，向地面喷洒50%辛硫磷乳油或48%毒死蜱乳油300倍液。

② 当梨落花达90%时往树上喷药防治初孵幼虫，喷于花萼基部。常用药剂有48%毒死蜱乳油2000倍液、20%氰戊菊酯乳油2000倍液、4.5%高效氯氰菊酯乳油3000倍液。

十九、梨尺蠖

梨尺蠖属鳞翅目，尺蛾科，又名梨步曲、弓腰虫等。

【为害】

早春以幼虫食害梨花、嫩叶成缺刻或孔洞，严重时吃光叶片。

【形态特征】

(1) 成虫　雄体灰色至灰褐色，密被绒毛，长9～15毫米；前翅具3条黑色横线。雌体灰至灰褐色，被鳞毛，长7～12毫米，翅退化。

（2）卵　长约1毫米，椭圆形。

（3）幼虫　老熟幼虫体长28～36毫米，全身黑灰色或黑褐色。具线状黑灰色条纹。

（4）蛹　长12～15毫米，红褐色。

【发生规律】

1年发生1代，以蛹在土中越冬。翌年春2、3月份越冬蛹羽化为成虫出土，白天潜伏在杂草或树冠中，晚上雌蛾爬到树上，雄蛾飞来交尾，卵产在树干阳面缝中或枝干交叉处。每雌产卵300余粒。卵期10～15天，幼虫孵化后分散为害幼芽、幼果及叶片，幼虫期36～43天，5月上旬幼虫老熟下树入土化蛹后越冬。

【防治方法】

（1）幼虫发生期振树捕杀幼虫；成虫发生期，在树冠下铺塑料薄膜，用土压实，阻止成虫出土；或在树干基部束绑宽约10厘米的塑料薄膜，于薄膜上涂黄油或废机油，阻止雌成虫上树交尾；黑光灯诱杀雄成虫。

（2）树上喷药

① 成虫出土前在树干周围撒布40%辛硫磷颗粒剂，轻锄，毒杀出土成虫。

② 叶面喷药　幼虫孵化前后喷洒20%甲氰菊酯乳油或2.5%溴氰菊酯乳油2500倍液，或2.5%氯氟氰菊酯乳油或20%氰戊菊酯乳油2000倍液，或50%杀螟硫磷乳油1000倍液、1.8%阿维菌素乳油2000～3000倍液等。

二十、大青叶蝉

大青叶蝉属同翅目，叶蝉科。又叫大绿浮尘子。

【为害】

成虫、若虫刺吸叶片、嫩枝汁液，成虫用产卵器划破树皮把卵产在枝干表皮下，造成半月形伤口，为害严重时使枝条失水干枯。幼树和苗木受害后容易被风吹干，冬季容易受冻害，是造成幼树抽

条的诱因之一。

【形态特征】

（1）成虫　体长8～9毫米，黄绿色。前胸背板浅黄绿色，后半部深绿色。前翅绿色带青蓝光泽，前缘淡白色，端部透明，翅脉青绿色，具狭窄淡黑色边缘。后翅烟黑色半透明。腹部两侧、腹面及胸足均为橙黄色。

（2）若虫　初孵时灰白色，微带黄绿色泽，头大腹小。3龄后体黄绿色。胸、腹背面及两侧具褐色纵列条纹4条，直达腹部末端。老熟若虫翅芽明显，形似成虫。

（3）卵　长卵形稍弯曲。长1.6毫米，乳白色，表面光滑。

【发生规律】

大青叶蝉在我国长江流域及河北省以南地区1年发生3代；在甘肃、新疆、内蒙古等地1年发生2代。以卵越冬。在3代发生区，越冬卵在4月份孵化，若虫孵化3天后由产卵寄主迁移至禾本科等作物上繁殖危害。5～6月份出现第3代成虫。第2、第3代成虫、若虫主要危害麦类、豆类、玉米、高粱以及秋季蔬菜类作物。至10月中旬，成虫开始迁至果树上产卵，10月下旬为产卵盛期，并以卵在树干、枝条皮下越冬。

成虫趋光性较强。若虫常群集于嫩绿的寄主植物上危害。

【防治方法】

（1）利用成虫趋光性强的特性，在成虫发生期，利用黑光灯、白炽灯或双色灯进行诱杀。

（2）果园苗圃应避免种植秋季蔬菜或冬小麦，以免诱集成虫上树产卵。也在果园内外适当位置种植小块秋季蔬菜作为诱杀田，及时喷药防治第3代成虫，阻止其上树产卵。

（3）涂刷白涂剂　幼龄树干涂刷白涂剂，防止成虫产卵，10月上旬成虫飞来果园之前，阻止雌虫产卵。白涂剂配方是生石灰10千克、硫黄粉0.5千克、食盐0.2千克，再加少量的动物油，用水调成糊状。

（4）秋季第3代成、若虫喜好集中到冬小麦、秋季蔬菜作物上危害。可用4.5%高效氯氰菊酯乳油2000倍液、20%氰戊菊酯乳油 2000 倍液等喷药防治。

第七节 梨生理病害

一、梨黄叶病

【为害】

梨黄叶病造成叶片黄化，影响光合功能，降低了梨树的产量，削弱了梨树的树势，抗病能力下降。在各梨区均有发生，土壤盐碱性较重的梨区发病较重。

【症状诊断】

多从新梢顶部嫩叶开始发病，叶肉失绿变黄，叶脉两侧保持绿色，叶片呈绿网纹状，较正常叶小。失绿程度逐渐发展，致使全叶呈黄白色，后期叶边缘产生褐色焦枯斑，甚至全叶焦枯脱落，顶芽枯死。

【发病规律】

该病由果树缺铁造成。盐碱性重的土壤，大量可溶性二价铁被转化为不溶性三价铁被土壤固定，变成不能被吸收利用状态，引起树体缺铁。果园春秋季干旱，土壤水分大量蒸发，土壤中盐随水分上升，表层土壤含盐增加，春秋树体需铁量多，黄叶病发生较重。而雨季土壤中盐随水分下渗，地表层土壤中盐碱减少，可溶性铁相对增加，黄叶病明显减轻。

【防治方法】

（1）春季灌水洗盐，控制盐上升。果园增施有机肥和绿肥，提高有机质含量，改良土壤。

（2）梨树发芽前，每株大树用硫酸亚铁或螯合铁 0.5～1 千克掺 5 倍有机肥，混合施入土壤中，施后灌水。

二、梨小叶病

【为害】

梨树小叶病为害梨树叶片，使叶片狭小，树体生长受影响。

【症状】

梨树春季发芽晚，叶片狭小，色淡，枝条节间短，上面着生许多细小簇生叶片，病枝生长停滞，下部又长新枝，长出的新枝仍节间短、叶小、色淡。病树花芽少，花小，色淡，坐果率低，明显影响产量和品质。

【发病规律】

该病由树体缺锌造成。果树缺锌时合成生长素吲哚乙酸的原料减少，影响枝叶生长，表现小叶病。锌存在于叶绿素中，缺锌也影响果树光合作用。

土壤中含锌量很少，碱性土壤或含磷量较高，大量施用氮肥，土壤有机质和水分过少，其他微量元素不平衡，易引起缺锌症。叶片含锌量低于10～15毫克/千克，即表现缺锌症状。

【防治方法】

（1）沙地、瘠薄山地和盐碱地梨园，改良土壤，增施有机肥。

（2）结合春秋季施有机肥，每株大树混施硫酸锌0.5～1千克。

（3）果树开花前对枝条喷布0.3%硫酸锌加入0.3%尿素混合液，半个月后再喷1次。

三、梨缩果病

【为害】

梨缩果病为害果实，使皮下果肉木栓化，影响食用和储藏；为害枝条和树根，影响树体生长。

【症状诊断】

（1）果实受害　在梨果近成熟期症状明显，果肉维管束系统变褐，重者皮下果肉木栓化，果肉呈灰褐色、海绵状。花期授粉差，坐果率低，种子发育不好，易落花落果，果实畸形，裂果。

（2）枝条受害　2～3年生枝条阴面出现疱状突起，皮孔向外突起，用刀片削除表皮见零星褐色小斑点及纵向褐纹线。芽鳞松散，半开张。叶小，不舒展。中下部叶片主脉两侧略显凸凹不平，有皱纹，色浅。严重时花芽从萌发到绽开期陆续干枯，死亡，新梢仅少数芽萌发，成秃枝。根系发黏，似榆树皮，须根易烂，只剩骨干根。

【发病规律】

梨缩果病因缺硼引起。土壤瘠薄的山地、河滩地果园发病重，开花前后干旱发病重，土壤中石灰质多，硼易被钙固定，或钾、氮过多，易发生缺硼症。

苹果梨、长十郎、二十世纪、新世纪、石井早生、秋白梨、金花梨等品种缺硼症较常见。

【防治方法】

(1) 果园深翻改土，增施有机肥。开花前后充分灌水。

(2) 开花时喷布0.3%～0.5%硼砂水溶液。

(3) 结合施有机肥 每株大树混施0.1～0.2千克硼砂，后灌水。

(4) 花期、幼果期、果实膨大期，喷0.2%～0.3%硼砂水溶液。

四、梨叶焦枯病

【为害】

梨叶焦枯病是梨树生长季节常见的异常生理现象。表现大量叶片边缘或前端突然出现焦枯，扩大到半个多叶片，造成大量落叶，影响产量和树势。

【症状诊断与发病规律】

(1) 肥害 春季梨叶旺盛生长，降雨后树苗或幼树的叶尖或前部叶缘，2～3天突然大量变黄、焦枯，界限明显，很快扩展到多半个叶片，大量落叶。用刀片斜削叶柄或新梢，在断面用放大镜观察，可见输导组织有变褐环纹。挖开焦枯叶较多一侧枝相对应的根部，可见大量白色吸收根变褐，干枯死亡。有时在死亡的吸收根周围可看到大量没腐熟的羊粪、鸡粪，有时可见到尚未完全溶化的化肥，有氨气臭味。

(2) 水分失调 夏季干旱，暴雨过后暴晴，部分品种梨树外围延长枝、徒长枝前端叶片边缘或叶尖骤然变黄、焦枯，界限明显，发展快，多半或全叶黄褐色、焦枯、变脆，严重时中短果枝前部叶

片也变黄，叶上无病原物和孤立性病斑。用刀片斜削叶柄或新梢断面，木质部发白、变干。扒开表土，大量上层吸收根死亡。一般过10多天后症状缓解，长出的新叶不再焦枯。

（3）水涝 夏秋季，雨水较多，梨园内地势低洼地块积水时间较长。梨树枝条上部叶片逐渐发黄、焦枯、落叶，树下吸收根腐烂，有酸腐味。

【防治方法】

（1）肥害造成的梨叶焦枯病 使用有机肥要腐熟，与土拌匀后施入。追施化肥应沟施，与土拌匀，不要在根系较集中位置穴施。施肥后应灌水。出现焦枯后，马上大量灌水。

（2）水分失调造成的梨叶焦枯病 土壤干旱时及时灌水，大雨天晴后及时松土，增加土壤中空气含量和水分蒸发量。改良土壤，增施有机肥，促进根系发育。对历年常发生此病害的地块和梨树品种，可采用树盘覆草方法试验解决。

（3）水涝型梨叶焦枯病 果园积水时及时排涝，松土。可用双氧水（过氧化氢）200～300倍液开沟浇灌，水渗后覆土，增加土壤氧含量。

五、梨果花斑病

【为害】

褐斑形成仅局限在皮层，不向果肉扩展，不影响果实食用价值，但因外观品质下降使商品价值大大降低。

【症状诊断与发病规律】

套袋皇冠梨花斑病表现为果实表皮形成大小不一、数量不等、微凹陷的褐色病斑（如同鸡踩踏过一般，故果农形象地称之为“鸡爪病”）。砀山酥梨上的病斑多靠近果顶，为环状、点状和线状，大的果实发病率高，发病程度重。雪花梨和雪青梨上的症状与皇冠相同。

套袋果发病，非套袋果不发病；近成熟期开始发生，一直延续到储藏期；越接近成熟和上市时期，病害越重；单果重越大发病率越高；近成熟期若遇降雨、降温则病害加重；施有机肥者病害轻，偏施氮肥者病害重。

【防治方法】

(1) 肥水管理 平衡施肥，重视施用有机肥。发育前期可以氮磷复合肥为追肥（盛果期单株用量不可超过3千克），发育后期不再使用氮肥；发病严重的园子可于花前施用少量硼肥——四硼酸钠，每株100～200克。浇足花前水和封冻水，生长季避免大水漫灌；地势低的梨园，雨季做好排水防涝。

(2) 整形修剪 通风透光，保证内膛光照充足。生长季节须对剪（锯）口下萌发的新梢及背上新梢抹芽；缺少发展空间的发育枝及早抹芽。

(3) 合理负载 盛花后20天疏果，幼果间距以25～30厘米为留果标准。一般肥水条件下，每667米^{2}留果量不超过15000个，产量控制在3500～4000千克。

(4) 幼果期喷钙 幼果套袋前（盛花后15天开始）喷施瑞恩钙、硝酸钙及氯化钙等钙盐。最好选瑞恩钙（EDTA钙）等有机钙盐1000～1200倍液，间隔7～10天喷药1次，连续喷施2～3次。注意瑞恩钙不宜与杀虫剂、杀菌剂混合使用，否则易发生药害，影响果实外观品质。

(5) 套袋纸袋种类 以透气性和透光性较好（透光率在10%左右）者为宜，如单层黄白条纹蜡纸袋、黄油封白蜡纸袋或单层复合纸袋；生产“白皮梨”所用的纸袋内层黑纸质量不宜超过40克/米^2。北方梨产区一般于5月下旬至6月上旬（麦收前）完成套袋即可。

六、梨树冻害

【为害】

梨树冻害类型多，可减少产量，重者绝收，甚至死树。

【症状诊断】

(1) 嫁接苗冻害 苗圃地没出圃的嫁接苗，接口以上树皮呈黑褐色、条状死亡，深达木质部。严重时，干基树皮变黑一圈。翌春发芽后，受冻轻的苗发芽迟，生长慢，重者冻死部位以上干茎枯

死，不能发芽长叶。

(2) 幼树冻害　幼树干靠近地面的树皮变黑死亡，重者深达木质部，形成层也变黑死亡。春天梨树发芽后，树皮变黑一侧上面枝条发芽迟，长叶慢，树皮变黑一圈的树死亡。

(3) 晚霜型冻害　早春梨树花芽膨大期至开花前受冻，花锥体变褐色、死亡，失去开花能力。开花时受冻，萼片上出现水渍状斑点，雄蕊花粉变黑褐色，无发芽能力，重者花蕊中柱头也变成黑褐色，不能授粉坐果，大面积减产或绝产。

(4) 幼果霜冻病　梨树落花后遇低温，幼果萼洼周围出现环状凹陷伤疤或果实胴部出现环状锈斑，锈斑部生长慢，引起落果。

(5) 大树枝干冻害　常发生在树干根颈部和枝干桠杈部。树皮呈条状或不规则形变黑、坏死，重者形成层和木质部浅层也变黑死亡，翌春死亡树皮边缘凹陷、开裂。上部枝条发芽晚，生长慢。

【发病规律】

(1) 梨苗秋季雨水过多，氮肥足，生长不充实，休眠晚，易受冻害。

(2) 抗寒性差的品种，北方育苗时有的年份冻害严重。

(3) 幼树，后期雨水多或地势低洼，易受冻。

(4) 我国北方大部分梨区，春天梨花芽萌动期至花期，遭受寒冷气流的侵袭，气温从10℃以上，突降至5℃左右，使花器受冻。

(5) 枝干上冻害多发生在初冬或早春，天气突降温，大枝干冻害。冬季温度过低，大枝干树皮和形成层受冻，细枝条木质部和髓部冻死。

(6) 西洋梨抗冻性差，秋子梨最抗冻。

【防治方法】

(1) 选用抗冻品种和砧木育苗。对嫁接苗要控制后期肥水，防徒长，促早落叶、早休眠。

(2) 新栽幼树施足肥水，促进根系发育。冬季来临前树干涂白或绑草、绑塑料布。

(3) 晚霜型冻害，据天气预报，提前一两天灌水，降低地温，推迟花芽萌动期和开花期。同时能增加地面的热容量，使果园地面温度不要降得过多。

（4）在花期冻害和幼果期冻害发生前，根据天气预报，在冷空气来临时。在果园内熏烟。熏烟多在凌晨2～3时进行，预防开花前冻害。

（5）加强栽培管理，提高树势，增加树体储藏营养和抗冻能力。控制生长后期肥水，积水时注意排除。后期一般不宜再施氮素化肥，增施磷钾肥，促使枝条生长壮实，早落叶，早休眠，提高抗寒能力。

附　　录

一、皇冠梨“鸡爪病”的科学预防

（选自梨科学栽培管理技术讲座内容）

皇冠梨是目前中早熟梨中的优品良种，具有成熟早、丰产、外形美观、品质优良、抗黑星病等优良特性，是河北省梨树品种结构调整的首推品种，为广大果农带来巨大的经济效益。但近几年，皇冠梨在果实套袋栽培生产过程中，却出现了一种致命的病害——“鸡爪病”，而且发病程度有逐年加重的趋势。

症状表现为果皮表面产生一些褐色斑纹，病斑仅发生在表皮上，不深入到果肉内，不影响食用品质和耐储性，多分布在果实梗洼、萼洼旁或果实胴部，相对比较集中，呈不规则形状，似鸡爪，故名“鸡爪病”。病果外观品质变差，价格大降，给梨农造成很大的经济损失。“鸡爪病”是一种果实生理病害，喷任何杀菌剂都无效。

皇冠梨鸡爪病每年的总体发病趋势如下。

（1）7～8 月份多雨，发病重，否则发病轻。

（2）黏土地发病重，沙壤土发病轻，

（3）树体强壮，果实“鸡爪病”病情较轻，发病率较低；衰弱的树或细弱枝条上，如结果量大则“鸡爪病”发病率较高。

（4）旺长幼树发病重。

（5）全年只施氮、磷、钾肥，不常用有机肥或中微量元素肥料的梨园发病重。

（6）梨果膨大素对“鸡爪病”也有加重的影响。

预防对策，通过笔者对皇冠梨的多年田间管理经验和 5 年的土壤科学配方施肥效果进行总结，特提出预防皇冠梨“鸡爪病”的几点有效方法，如能做到以下几点，则病轻的梨园，“鸡爪病”消失，病重梨园“鸡爪病”会大大减轻，广大梨农不妨试一试，效果说不定会出乎意外的好。

（1）冬季修剪　对旺树要多疏少截，壮串花枝少回缩，改变“鸭梨树”式冬季修剪方法，该方法不适于皇冠梨的修剪，手法有些偏重。

（2）合理负载，按枝果比 2.2∶1 或叶果比 15∶1 来留果，真正做到“树壮果大”。

（3）加强夏季修剪，梨果套袋以后及时去掉一些没有用的徒长新梢（不要等冬季修剪时再去），那样的话白白浪费了营养。

（4）科学配方施肥，减少一部分氮、磷、钾肥的用量，补充中微量元素肥料，同时春季萌芽前多年没有施腐熟的有机肥的梨园，则最好施入一定量以改良土壤，同时促进梨树根系生长和吸收微生物肥料，我们习惯叫它“菌肥”。在果实迅速膨大期追施 1～2 次含速效钾肥的冲施肥。

下面给广大梨农介绍一个有效预防皇冠梨“鸡爪病”的施肥科学配方，供大家使用、小面积实验或参考。其他梨树也可以应用，做到树壮、果优。

以亩产 4500 千克皇冠梨果为例。

（1）采果后至落叶前，每亩 30 千克三个“15”的氮、磷、钾复合肥，浇 1 次透水（有条件的梨园可每亩加施 500 千克的腐熟的有机肥，如无条件可不施）。

（2）春季萌芽前，每亩施 40 千克尿素、20 千克含 EDTA 活性钙等 10 种植物所必需营养元素的“钙钾硼锌”中微量元素肥料，同时，每间隔 1～2 年，每亩施 20 千克能达到改良土壤、促进梨树根系生长和吸收、解磷解钾解氮的“五色土”牌生物菌肥，全园撒施后，浇 1 次大透水。果实迅速膨大期（6～7 月），追施 1～2 次（共 12 千克左右）含速效钾肥的冲施肥。

效果：通过 5 年梨树田间调查显示，该施肥方法可使病轻的梨园，“鸡爪病”消失，病重梨园“鸡爪病”明显减轻，广大梨农可

以一试，祝梨农朋友丰产、高收益。

二、梨科学栽培管理技术答疑

（选自陈敬谊在河北电视台“农博士在行动”答疑，按回答月份列出，供参考）

1月答疑

1. 泊头观众问：皇冠梨果面上坑坑洼洼的，不平滑，怎么办？

答：

① 增加施肥总量，保证果树结果的同时，树体健壮，同时注意平衡施肥，包括大量元素肥和微量元素肥共同施用。

② 合理负载，使产量维持在3500千克左右。

③ 选择质量好的果袋，同时适当推迟套袋时间。

④ 果实迅速膨大期控制氮肥的用量，多施用钾肥。

⑤ 果实迅速生长期树上喷洒3次硼肥。

2. 衡水观众问：皇冠梨的花纹病怎么防治？

答：花纹病又叫鸡爪病，鸡爪病是皇冠梨的一种生理病害，主要表现为果皮细胞受激突变出现鸡爪纹症状，影响果面光洁度，降低商品质量。

形成成因如下。

①施肥过于单一，鸡爪病严重的果园，土壤钙等微量元素含量较低，施氮肥过多。②土壤板结、有机质含量低。③使用劣质纸袋，透气性差、吸水后不易干，透气孔尚未完全打开的纸袋发病重。④不良气候对鸡爪病的形成有一定影响。6月下旬到7月上旬，果实发育期持续的阴雨、高温、高湿的年份发病重。可见高温、高湿、光照不足等不良气候对鸡爪病的形成有一定影响。另外还有其他一些因素，比如授粉不良、套袋前用刺激性农药、喷枪雾化不好等原因。

综合预防措施如下。

①及时补充钙等微肥。皇冠梨谢花后到套袋前要补钙，可增加

果皮厚度，减轻后期鸡爪病的发生。同时，结合土壤施和叶面喷施的方法，增施铁、锰、锌、硼等微量元素。②增施有机肥和磷钾肥。改良土壤结构，增加土壤空气量，提高肥料利用率，增强保水保肥能力。皇冠梨幼果期后要控制氮肥的施用，增施磷钾肥，提高果树抗性。③适当推迟套袋时间。选择透气性好、耐雨水、易干燥、通气孔好的优质果袋。同时将皇冠梨套袋时间推迟到 5 月中下旬，以便加速幼果发育，促进果皮蜡质层形成，加大对高温、高湿、光照不足的承受能力。④套袋前合理选择农药并科学喷施。果实套袋前果面较嫩，对药剂敏感，严禁喷施硫黄类、福美类、铜制剂以及劣质农药，宜选用水乳剂或水悬浮剂等。喷药时雾化要好。

3. 饶阳观众问：对皇冠梨花粉虫有什么有效的防护措施？

答：

① 刮树皮、清果园　黄粉虫以卵在树体的翘皮、果台、枝干的残留物上越冬，以翘皮下为多，利用冬春梨树休眠时节至开花前刮除树干、树枝及枝杈处的翘皮，清除树体周围的残留物，深埋或带出园外烧掉，减少越冬基数。

② 喷药杀卵　在梨蚜萌动时喷 5% 的柴油乳剂或 3～5 波美度的石硫合剂，既能有效杀死树干及果台上的虫卵，又能铲除轮纹病病菌，一举两得。

③ 为害期的防治　6 月中旬黄粉虫由潜伏繁殖转向爬向梨果为害。因其顺枝干爬行虫体暴露在外，是用药除治的关键期。一定要注意观察抓住时机，适期用药，把虫消灭在入袋之前。

④ 入袋黄粉虫的防治　如发现入袋的黄粉虫，向梨袋内喷 1000 倍敌敌畏乳剂熏杀袋内黄粉虫。

4. 冀州观众问：梨树干叶，从叶子边缘开始干，慢慢的整棵树就会死掉，是什么原因？

答：最近几年，这种现象在梨区越来越多，造成的原因是梨树颈部腐烂，而且该病传染性很强，应及时进行防治。加大施肥量，平衡施肥，控制氮肥用量；合理负载，以亩产 3500 千克左右为宜；科学修剪，做到树老枝条不老；病树用 100 倍多菌灵药液，在树下

挖坑后灌根。

3 月答疑

1. 赵县观众问：梨树根上长了好多瘤子一样的东西，是怎么回事？该怎么办？

答：前几年我仔细观察过这个现象。不是根癌病，是根结线虫危害的，对梨树生长影响不大，适当加大些施肥量就行。

2. 赵县观众问：梨树得了根腐病、黄叶病、腐烂病怎么办？

答：根部灌药；少结果；叶片喷肥补充营养。

3. 邢台观众问：梨长锈是什么原因？

答：可能是药害；注意喷药浓度；果袋不合格；夏季阴天多，降雨多。

5 月答疑

1. 晋州观众问：我想咨询皇冠梨的黑屁股病怎么治？

答：我个人认为是药害，喷药时不要很多种药一起用，最多两三种即可，不加或少加助剂，可喷阿米西达等保护性杀菌剂。

2. 晋州观众问：梨树黄叶应该上什么肥料？

答：一是合理负载，按叶果比 15：1 留果。二是及时防治枝干病害，保证营养运输渠道畅通，健壮树体。三是及时补充中微量元素肥料。四是土壤增加有机肥或生物菌肥的使用。五是及时树下松土透气，防止土壤板结。

3. 青龙观众问：梨树不挂果，总得打药，打药后梨不好吃，该怎么办？

答：花期喷硼，提高坐果率；加大肥料的使用量；果实套袋。

4. 藁城观众问：梨树结果又小又少，想知道是什么原因造成的？

答：花期喷硼提高坐果率；增加肥料量，提高树势；幼树采取控长促花措施；衰老树冬季修剪时多留年轻的枝条，做到树老枝不老。

5. 宁晋观众问：皇冠梨卷叶，这是什么原因？

答：一是蚜虫引起的，及时喷杀虫药防治；二是树势衰弱，加大施肥量；三是控制产量，合理留果。

6. 赵县观众问：梨树成果率低，该怎么办？

答：花期人工授粉；树势衰弱，加大施肥量；花期喷硼。

6 月答疑

晋州观众问：梨树上的梨木虱怎么治？

答：可用亩旺特进行防治，效果很好，但注意要早使用，一般花后 7～10 天使用效果更好。

7 月答疑

1. 邯郸县观众问：晚秋黄梨，3 年生，树叶黄，叶子从四周向里枯干，树也不长。有几棵这样的，跟正常的树大小差多了。请专家给看一下，这是什么原因？

答：

① 结果过多或者是叶果比失调，造成吸收根系大量死亡。

解决方法：按叶果比 15：1 或枝果比 2.2：1 留果较合理。既产量高、品质好，又能避免黄叶。

② 土壤黏重或透气性差，新根生长困难，影响营养吸收，造成黄叶。应每年秋季结合施基肥翻树盘，深 20 厘米左右。

③ 土壤中缺少某些微量元素如铁、锌、镁等，也会造成叶片失绿。应及时土施或叶片喷洒对应的微肥。

④ 枝干或根系病害也会造成黄叶病。如干腐病较重或者颈、根腐烂病。应及时刮除病斑，涂药防治或用杀菌剂灌根防治。

⑤ 叶片过早脱落，树体冬前储藏营养不足，也会造成第二年黄叶。要及时喷洒杀虫剂、杀菌剂防治，保护叶片。

2. 辛集观众问：铁丹梨园里发现的图，白沙土，是不是鸡爪纹？请专家鉴定一下。

答：我看不像鸡爪病，一是果实小，不到发病期；二是锈斑面积大，颜色浅，造成的原因我认为是由于下雨或喷洒农药把果袋弄湿，果袋纸紧贴在梨果皮上，造成气孔和表皮细胞呼吸困

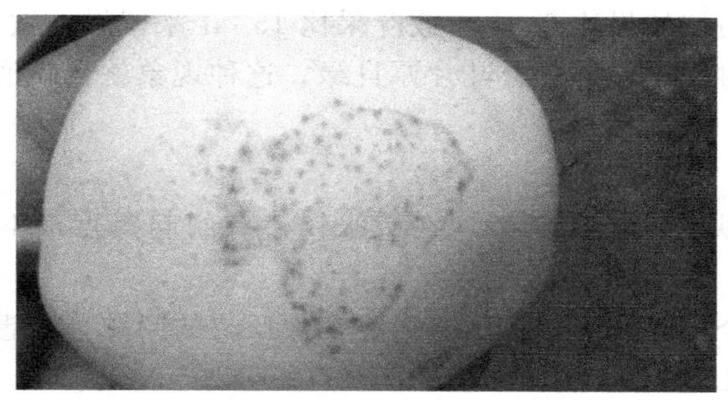

难，细胞死亡后留下的痕迹。有时果面被不明物污染也会发生这种现象。

3. 梨正处在果实膨大期，这个时期管理的好坏对后期的果实品质是至关重要的，那么老乡们应该着重哪些工作来提高果实品质呢？

答：可以从两个方面着手来做工作，一是控制营养生长，对正在生长的枝条进行摘心或喷生长抑制剂，目的是节约营养，促进果实膨大，这是节流；二是开源，做法是膨果期树下追施足量的以钾肥为主的多元素复合肥（含硼元素），钾肥能把叶片的光合效率提高 3～5 倍，为果实膨大提供更多的葡萄糖，果实自然就个大、甜，而且着色好（因为色素也是由葡萄糖转化形成的）。

4. 河北省石家庄辛集市农户，种植梨树已经有 20 多个年头了。最近 3 年，每到 7 月中下旬的时候，我们就发现梨树叶子上边，从中间叶肉或者叶脉开始有黑褐色的小点，越来越大，到卸梨的时候它就自然脱落了，我们也不知道是怎么回事。后来问问别的村人吧，他们村里也有，有人说是打药之后太阳晒的，但是我们都是在 9 点以前就打完药了。所以想请专家给个说法，这个到底是病害还是虫害啊！

答：我近几年到石家庄东部梨区次数较多，发现这种现象有逐年加重的趋势，我认为造成的直接原因是产量过高导致树势衰弱，叶片变薄，叶色变淡，抵抗不住夏天强烈的阳光照射而引起的日灼现象，与喷药等因素无关，既不是病害，也不是虫害。解决方法是降低产量＋补施中微量元素肥料（如钙、镁、铁等）来制造更多叶绿素，严格按枝果比 2.2∶1 或叶果比 15∶1 来留果，做到既丰产、优质，同时又树体健壮，叶片厚且绿，这种现象就自动消失了。

11 月答疑

1. 泊头观众问：鸭梨现在有水锈，有的起黑点，不知道是什么原因？

答：今年河北鸭梨产区普遍存在你反映的问题，我想造成的原因有以下几点。

① 今年 7 月份下雨和阴天的天数多，空气和果袋内的湿度大，便于各种病菌的繁殖和对果实侵染及发病，一般内膛和下层果实发病重。

② 果袋由于降雨的影响，果袋纸被雨水打湿后，长时间粘贴在果面上，造成果皮细胞呼吸困难，窒息死亡，形成水锈。

③ 今年 7、8 月份阴天天气多，叶片制造营养不足，梨果果面形成的蜡质层太薄，梨果汁液由于热胀冷缩的影响而渗出，遇到空气氧化就变成水锈斑了，和皇冠梨的鸡爪病道理相同。

2. 赵县观众问：梨树现在落叶了还能不能施肥了？

答：可以，梨树落叶后，梨树的根系还在生长和吸收营养，所以土壤封冻前都可以进行施肥，但以后注意早些时候施肥效果更好。

3. 沧县观众问：梨树最近几年 9 月份后落完叶就开花，第二年这树就死了，这是怎么回事？应该怎么防治？

答：梨树 9 月份落叶是不正常的是由于病害或虫害引起的，由于落叶早，加之当时气温高，梨树出现了二次生长现象，把树体储藏的准备第二年春季萌芽和开花使用的营养过早地消耗完了，造成树体死亡或树势极度衰弱。以后要注意及时喷杀菌剂和杀虫剂进行预防。

4. 深州观众问：梨树底下长了肉色的小白虫，一团一团的，这是什么虫子？对梨树有没有影响？

答：今年夏秋季节雨水多，地面长期处于潮湿状态，造成一些不常见的昆虫大量孵化和繁殖，但不会对梨树造成影响，但需要提醒果农朋友的是冬季要及时进行修剪，去掉过多的大枝，保持树下

通风、透光。

5. 晋州观众问：皇冠梨落叶该如何防治？

答：

① 加强肥水管理，合理结果，不要留果太多。

② 少施氮肥，增施钾肥和微量元素肥料。

③ 生长期或采果后喷 1～2 次杀菌剂。

④ 梨果涂抹膨大剂时严格按要求去做，不要让涂抹的果比例太高，1/3 即可。

三、梨树主要病虫害周年防治历

（引自农业部种植业管理司等编，梨标准园生产技术，2011）

1. 华北地区梨树病虫害综合防治历

休眠期（落叶至萌芽）

主要防治对象：腐烂病、干腐病、轮纹病、黑星病、白粉病、叶斑病、梨小食心虫、苹小食心虫、桃蛀螟、黄粉蚜、二叉蚜、康氏粉蚧、梨木虱、梨茎蜂、山楂叶螨、梨花网蝽、梨瘤蛾等。

综合防治方法：冬浇封冻水，提高果树抗逆能力；清理树上僵果。剪除病虫枯枝（烧毁），刮粗翘皮，清扫落叶、僵果、粗翘皮、病皮组织，深埋；刮治腐烂病，涂抹腐必清、石硫合剂、康复剂、菌毒清等药剂；树干涂白防冻、防日烧；萌芽前树上喷 5 波美度石硫合剂，地下追施果树复合肥，果园春灌。

花前、花后

主要防治对象：腐烂病、黑星病、白粉病、梨小食心虫、梨大食心虫、黄粉蚜、二叉蚜、梨木虱、梨茎蜂、山楂叶螨、梨花网蝽、梨瘤蛾、梨瘿蚊。

综合防治方法：挂梨小食心虫性诱捕器 3～4 个/亩，大量诱杀成虫；继续检查刮治新发现腐烂病病疤；花前喷 5%溴氰菊酯 3000 倍液；落花后喷 2%阿维菌素 4000 倍液混甲基托布津 1000 倍液；

花后检查黑星病、白粉病初发病梢，及时摘除。

幼果期

主要防治对象：梨锈病、黑星病、白粉病、轮纹病、黄粉蚜、二叉蚜、梨木虱、叶螨、叶蝉、椿象、梨大食心虫、梨小食心虫、梨茎蜂、梨象甲、金龟子等。

综合防治方法：遇中、大雨时，雨后喷15%粉锈宁1500倍液或50%多菌灵粉剂1000倍液；落花后40天开始果实套袋，套袋前喷10%吡虫啉或10%定虫醚2000倍液混80%大生；振树捕杀梨象甲、金龟子、椿象，剪除梨茎蜂虫梢；套袋结束后立即喷石灰倍量式波尔多液200倍液保护叶片，同时挂桃小食心虫性诱捕器3～4个/亩。

果实膨大期

主要防治对象：黑星病、白粉病、轮纹病、黄粉蚜、梨木虱、桃小食心虫、梨小食心虫等。

综合防治方法：桃小蛀果率达1%时喷15%桃小灵2000倍液或阿维菌素4000倍混甲基托布津1000倍液。

梨小蛀果率达1%时喷15%桃小灵或10%吡虫啉2000倍混50%多菌灵1000倍液，遇雨补喷；多雨年份增喷1～2次石灰倍量式波尔多液。

采收前期

主要防治对象：黑星病、轮纹病、黄粉蚜、梨木虱、桃小食心虫、梨小食心虫等。

综合防治方法：采前20天喷5%溴氰菊酯3000倍液混80%大生1000倍液；扩穴法施腐熟农家肥3000～5000千克/亩，为下年果树健康生长打基础。

采收期

主要防治对象：储藏期烂果病、生理病。

综合防治方法：采果时尽量避免机械损伤，采收后尽快入库；土窑洞储藏尽可能利用夜间低温通风降温，冷库储藏每天降温2℃，1周降到0℃。

采收后

主要防治对象：腐烂病、大青叶蝉、梨木虱、山楂叶螨、梨小食心虫等。

综合防治方法：树干束草或瓦楞纸，诱集越冬害虫，落叶后清除；喷0.5%磷酸二氢钾1～2次，增强果树抗逆能力。

2. 长江流域梨病虫害综合防治历

2～3月

防治重点对象：轮纹病；梨瘿蚊、梨小食心虫、梨大食心虫、桃小食心虫、梨木虱等虫的越冬虫卵、老熟幼虫及成虫。

综合防治方法：2月下旬至3月上旬树体喷5波美度的石硫合剂（若在梨树萌芽前消毒则只用3波美度的石硫合剂）；3月中旬，在越冬害虫出土羽化时，树盘下撒辛硫磷毒土（使用量每公顷用50%辛硫磷乳油1.5千克，兑水22.5千克，拌细土或细沙225千克，撒施后翻地）；3月下旬梨瘿蚊羽化，即将产卵于梨花蕾中时，梨树体喷来福灵乳油2000倍液。

4月

防治重点对象：梨锈病、梨黑斑病；梨瘿蚊、梨茎蜂、梨木虱、梨蚜虫。

综合防治方法：4月初正值梨树新梢生长时，悬挂黄色黏虫板，防治梨茎蜂、诱杀梨蚜虫；花谢后树体喷1次金巧阿维菌素2500倍液＋三唑酮500倍液防治梨瘿蚊、梨木虱、梨蚜虫，预防梨锈病，摘除梨茎蜂被害嫩梢；4月中旬果实套袋防治梨食心虫和黑斑病；4月下旬，梨瘿蚊和梨蚜虫盛发期时，喷吡虫啉2000倍液＋甲基托布津800倍液，预防黑斑病。

5 月

防治重点对象：梨黑斑病、梨褐腐病；梨瘿蚊、梨瘿螨、梨木虱。

综合防治方法：5 月中旬梨瘿螨盛发期，树体喷金凯生 800 倍液＋安螨阿维 2000 倍液＋金巧阿维菌素 2500 倍液防治梨瘿蚊、梨瘿螨和梨木虱，预防黑斑病、褐斑病。并注意观察军配虫、星毛虫、梨小食心虫、蓑蛾和介壳虫等危害情况，及时用药；5 月下旬介壳虫若虫孵化盛期用 1000 倍液杀螟松喷雾防治。

6 月

防治重点对象：梨黑斑病、梨褐斑病、梨轮纹病；梨木虱、刺蛾、蓑蛾、介壳虫、军配虫。

综合防治方法：6 月初梨瘿蚊危害末期，梨木虱、梨黑斑病防治的关键时期，一般树体喷吡虫啉 2000 倍液＋高效溴氰菊酯；6 月中下旬再喷阿维菌素 3000 倍液＋10％苯醚甲环唑 3000 倍液防治梨木虱和黑斑病；挂杀虫灯诱杀食心虫成虫和金龟子成虫。

7 月

防治重点对象：梨黑斑病、梨轮纹病、梨褐斑病；梨食心虫、军配虫、星毛虫、梨小食心虫、蓑蛾、介壳虫、金龟子、吉丁虫、梨叶瘿螨。

综合防治方法：早熟品种采收后喷多菌灵 800 倍液＋来福灵 2000 倍液，防治黑斑病、轮纹病、白粉病、食心虫、军配虫和蓑蛾等；中晚熟品种为减少梨果中农药残留应使用 10％苯醚甲环唑 3000 倍液＋灭扫利 2000 倍液防治黑斑病、轮纹病、白粉病、食心虫、军配虫和蓑蛾等病虫害，

梨叶瘿螨用杀螨剂效果较好。

8～9 月

防治重点对象：黑斑病、轮纹病、白粉病；梨食心虫、军配

虫、天牛、吉丁虫。

综合防治方法：中晚熟品种采收后，喷多菌灵800倍液+来福灵2000倍液，防治黑斑病、轮纹病、白粉病、食心虫、军配虫和蓑蛾等；人工捕捉天牛幼虫、吉丁虫幼虫。树干束草诱引越冬虫卵越冬。

10月至次年1月

防治重点对象：越冬虫卵、成虫及越冬病原菌。

综合防治方法：清除果园内落叶、病果及杂草，刮树干翘皮及树干涂白，翻行带翻出越冬虫卵冻死。

3. 黄河故道地区梨病虫害防治历

12月至翌年2月（休眠期）

主要防治对象：梨病虫害。

防治方法：结合冬剪，剪除病虫枝，摘除病虫僵果，刮治介壳虫，有效压低病虫害基数，减轻来年病虫的危害程度；用利刀削平剪锯口，再用拂蓝克、新腐迪、膜立康或金力士200～300倍液+柔水通1000倍液及时处理；刮主干、主枝粗皮，清扫落叶、残次落果，解除诱虫带，同杂草一起烧毁，降低越冬病虫基数。

3月5～10日（花芽刚萌动）

主要防治对象：干腐病、轮纹病、红蜘蛛、介壳虫、蚜虫等。

防治方法：树体淋洗式喷布30倍晶体石硫合剂。

3月18～20日（萌芽期）

主要防治对象：轮纹病、梨木虱、蚜虫、红蜘蛛，矫治缺硼、锌、铁症。

防治方法：树体淋洗式喷布48%毒死蜱1000倍液+硼砂100倍液+硫酸锌100倍液+洗衣粉2000倍液（缺铁严重地块加20倍硫酸亚铁）。

4月9～11日（落花80%）

主要防治对象：黑斑病、梨木虱、蚜虫。

防治方法：树体喷布10%蚜虱净1500倍液+1.8%阿维菌素2000倍液+70%甲基托布津800倍液+洗衣粉2000倍液。

4月20～23日（套小袋前）

主要防治对象：轮纹病、梨木虱、黄粉蚜。

防治方法：树体喷布10%蚜虱净1500倍液+1.8%阿维菌素2000倍液+70%甲基托布津800倍液+洗衣粉2000倍液。

5月15～20日（套大袋前）

主要防治对象：黑斑病、锈病、梨木虱、黄粉蚜、绿盲蝽。

防治方法：毒死蜱1000倍液+烯唑醇2000倍液+洗衣粉2000倍液。

5月27～30日（麦收前）

主要防治对象：黑斑病、梨木虱、黄粉蚜、跳甲。

防治方法：树体喷布马拉硫磷1000倍液+90%乙磷铝1000倍液+洗衣粉2000倍液。

6月10～15日（幼果期）

主要防治对象：黑斑病。

防治方法：树体喷布硫酸铜：石灰：水=1：4：400的波尔多液。

6月27～30日（果实膨大期）

主要防治对象：黑斑病、食心虫、跳甲。

防治方法：树体喷布马拉硫磷1000倍液+多抗菌清800倍液+洗衣粉2000倍液。

7 月 10～15 日（幼果期）

主要防治对象：黑斑病。

防治方法：树体喷布硫酸铜：石灰：水＝1：4：400 的波尔多液。

7 月 27～30 日（果实迅速膨大期）

主要防治对象：黑斑病、食心虫、预防采前落果。

防治方法：树体喷布毒死蜱 1000 倍液＋M-大生 800 倍液＋萘乙酸 15 毫克/千克＋洗衣粉 2000 倍液。

8 月 15～20 日（果实成熟期）

主要防治对象：黑斑病、预防采前落果。

防治方法：树体喷布 90％乙磷铝 1000 倍液＋萘乙酸 15 毫克/千克＋洗衣粉 2000 倍液。

9 月上旬至 10 月中旬（果实采收前后）

主要防治对象：梨黑星病、黄粉蚜。

防治方法：采收前 20 天喷 70％甲基托布津 700 倍液＋4％剑铢 1500 倍液；10 月中旬树干涂白。防止害虫产卵，兼防病、防寒。

11 月（落叶期）

主要防治对象：梨病虫害。

防治方法：清除杂草、落叶、病果、枯枝，集中深埋。

4. 西北地区梨病虫害综合防治历

12 月至 2 月（休眠期）

主要防治对象：梨病虫害。

综合防治方法：结合冬剪，剪除病虫枝、摘除病虫僵果，刮治介壳虫，有效压低病虫害基数，减轻来年病虫的危害程度；用利刀削平剪锯口，再用拂蓝克、新腐迪、膜立康或金力士 200～300 倍液＋柔水通 1000 倍液及时处理；刮主干、主枝粗皮，清扫落叶、残次落果，解除诱虫带，同杂草一起烧毁，降低越冬病虫基数。

3 月（芽萌动期）

主要防治对象：梨木虱、梨椿象、红蜘蛛、梨大食心虫、黑星病、轮纹病、腐烂病。

综合防治方法：3 月上旬，刮除腐烂病和干腐病病斑，刮后及时涂抹拂蓝克、新腐迪或金力士 200～300 倍液＋柔水通 1000 倍液；3 月下旬，梨木虱出蛰盛期（花芽鳞片露白期），喷 3～5 波美度石硫合剂；或 25％的金力士（丙环唑）5000 倍液＋柔水通 4000 倍液＋40％毒死蜱 3000 倍液。

4 月上中旬（开花前）

主要防治对象：梨木虱、梨实蜂、梨茎蜂、星毛虫、梨蚜。

综合防治方法：梨花序分离初期，全园细致喷 1 次 4.5％阿维菌素 5000 倍液＋10％吡虫啉 2000 倍液＋5％己唑醇 1200 倍液，或喷 0.3～0.5 波美度石硫合剂；梨茎蜂危害重的梨园可挂黄色诱虫板诱杀，每亩挂 20～30 个。

5 月上中旬（落花后）

主要防治对象：梨大食心虫、梨茎蜂、黑星病。

综合防治方法：摘虫果、掰虫芽防治梨大食心虫；用性诱剂、糖醋液诱杀梨小食心虫；喷 62.25％锁病 600 倍液。

5 月下旬至 6 月初（幼果期）

主要防治对象：梨黑星病、轮纹病、茶翅蝽。

综合防治方法：喷 70％甲基托布津 700 倍液＋15％阿维毒 2000 倍液。

6月中下旬（幼果期）

主要防治对象：红蜘蛛、梨木虱。

综合防治方法：喷8%阿维·哒螨灵3000倍液。

7月上中旬（果实速长期）

主要防治对象：梨黑星病、轮纹病、蚜虫。

综合防治方法：喷40%福星10000倍液+4%剑铁1500倍液。或20%啶虫脒8000～10000倍液。

7月下旬至8月中旬（果实膨大期）

主要防治对象：梨小食心虫、桃蛀螟、红蜘蛛、黑星病、白粉病。

综合防治方法：7月下旬梨小食心虫危害盛期，喷25%金力士5000～6000倍液+20%果盛2500倍液+8%中保杀螨3000倍液+柔水通4000倍液；红蜘蛛危害重的梨园8月中旬在主干绑诱虫带诱杀。

9月上旬至10月中旬（果实采收前后）

主要防治对象：梨黑星病、黄粉蚜。

综合防治方法：采收前20天喷70%甲基托布津700倍液+4%剑铁1500倍液；10月中旬树干涂白，防止害虫产卵，兼防病、防寒。

11月（落叶期）

主要防治对象：梨病虫害。

综合防治方法：清除杂草、落叶、病果、枯枝，集中深埋。

注：西北梨产区大多气候干燥，病虫害发生较轻，一般年份全年喷药4～6次就能达到理想的防治效果，各地可根据当地病虫害发生具体情况，选择最佳喷药次数。

5. 东北地区梨病虫害综合防治历

休眠期

防治对象：各种越冬的病菌和害虫。

综合防治措施：彻底清除落叶、落果、僵果、病枝、枯枝等；结合冬剪，剪除病枝、枯枝、虫枝等；彻底刮除枝干粗皮、翘皮等。

注意事项：清除的各种病虫残体组织要清出园外烧毁，或就地深埋。

3月上旬至4月初，芽萌动期至开花前

防治对象：腐烂病、轮纹病、黑星病、黑斑病、锈病等；梨木虱、黄粉虫、红蜘蛛、白蜘蛛、介壳虫、梨二叉蚜等。

综合防治措施：继续刮除枝干粗皮、翘皮；刮治腐烂病、干腐病等；3月下旬（梨木虱越冬代成虫出土高峰期），选择温暖无风天，喷施20%博打乳油800～1000倍液＋助杀1000倍液1～2次，杀灭越冬代梨木虱成虫；发芽前喷1次45%施纳宁水剂150～200倍液＋45%石硫合剂晶体40～60倍液＋助杀1000倍液，杀灭各种在树上越冬的病虫；萌芽后至开花前，喷施1次12%烯唑醇乳油2000倍液或40%信生可湿性粉剂6000倍液＋10%吡虫啉可湿性粉剂2000～3000倍液，杀灭在芽内越冬的黑星病病菌及已开始活动的梨二叉蚜，并兼防锈病。

注意事项：开花前防治是全年的关键，既安全又经济，以选用淋洗式喷雾效果最好；发芽后至开花前用药，必须选择安全农药，以免造成药害；鞍山地区3月下旬左右为梨木虱越冬成虫出蛰高峰，此期是梨木虱防治的关键时期，应根据天气变化，在温暖无风天喷药，并最好做到集中统一用药，才会有良好的防治效果。

4月中下旬至6月上旬，落花后和幼果期

防治对象：以黑星病为主，兼防黑斑病、炭疽病、锈病等；以梨木虱、黄粉蚜为主，兼治梨二叉蚜、红蜘蛛、白蜘蛛等。

综合防治措施：梨树落花70%～80%时，喷施1次12%烯唑醇乳油2000～2500倍液，或40%黑星必克可湿性粉剂1500～2000倍液+1.8%虫螨克星乳油4000～5000倍液，或10%吡虫啉可湿性粉剂2000～3000倍液，杀灭嫩梢内的黑星病病菌和第1代梨木虱若虫，并兼治锈病、螨类、蚜虫等；从落花后7～10天开始，视降雨情况预防黑星病的发生，可选药剂为40%黑星必克1500～2000倍液，或大生M-45可湿性粉剂800～1000倍液，兼防锈病、黑斑病等；5月中旬是防治第1代梨木虱成虫的关键期，有效药剂有20%博打乳油1000～1500倍液等，并兼治黄粉蚜、介壳虫等；5月下旬注意防治第2代梨木虱若虫及康氏粉蚧，最佳药剂组合为1.8%虫螨费星乳油4000～5000倍液，或10%吡虫啉可湿性粉剂2000～3000倍液+20%博打乳油1000～1500倍液，或20%破虫乳油1000～1500倍液+助杀1000倍液，并可兼治绿盲椿象、黄粉蚜及各种螨类等；4月中下旬，黄粉蚜越冬卵孵化为若虫，至6月上旬，应及时喷药防治，防止其转移至果实上为害，以淋洗式喷雾效果最好。有效药剂有10%吡虫啉可湿性粉剂2000～3000倍液，或啶虫脒乳油3000～4000倍液，或20%虫必克乳油1500～2000倍液等；介壳虫及绿盲椿象较重果园，应选用20%博打乳油1000～1500倍液，或48%乐斯本1000～1500倍液+助杀1000倍液1～2次，杀灭越冬代成虫和第1代若虫。

注意事项：落花后的幼果期是防治黑星病、梨木虱、黄粉蚜等的关键，必须按时、周到喷药，最好采用淋洗式喷雾；幼果期用药不当很容易造成药害，影响果品质量。所以此期用药必须选择安全农药，如虫螨克星、吡虫啉、黑星必克、大生等；防治梨木虱、黄粉蚜及介壳虫时，若在药液中加入助杀或助杀王，可显著提高药效；此期黄粉蚜主要在枝干皮缝及果台环痕处为害，防治黄粉蚜时应注意仔细喷布枝干，防止其上果为害。用吡虫啉或啶虫脒淋洗式喷雾效果最好。

6月中旬至8月上旬，果实迅速膨大期

防治对象：以黑星病、白粉病为主，兼防黑斑病、轮纹烂果病、炭疽病等。

综合防治措施：进入6月中旬以后，病害防治可以连续喷2次1∶(2～3)∶(200～240)倍波尔多液，以降低防治成本，间隔期为15天左右；若同时喷施杀虫剂时，杀菌剂可选用黑星必克、烯唑醇、代森锰锌、必德利、大生M-45等，间隔期为10天左右；7、8月份白粉病逐渐进入高峰期，可喷施15%粉锈宁2000倍液或10%世高2000～3000倍液进行防治；7月上中旬至8月上旬，需喷药防治康氏粉蚧第1代成虫和第2代若虫，常用药剂有20%博打乳油1000～1500倍液、48%乐斯本乳油1000～1500倍液等；梨木虱、黄粉蚜、绿盲椿象仍需防治2次左右。对梨木虱效果好的药剂有虫螨克星、啶虫脒等，对黄粉蚜效果好的药剂有吡虫啉、啶虫脒、虫必克等，对绿盲椿象效果较好的药剂有破虫、博打、高效氯氰菊酯等；叶螨类根据虫情决定是否喷药，常用有效药剂有1.8%虫螨克星乳油4000～5000倍液、5%尼索朗乳油1500倍液等。

注意事项：此期为雨季，最好选用耐雨水冲刷药剂，或在药剂中加入农药黏着剂，助杀、助杀王等；防治黄粉蚜及梨木虱时，以淋洗式喷雾效果最好；雨季要慎用波尔多液及其他铜制剂，以免发生药害。

8月中下旬至9月下旬，近成熟期至采收期

防治对象：以黑星病、白粉病为主，兼防黑斑病、轮纹烂果病；注意黄粉虫、梨木虱、介壳虫的防治。

综合防治措施：以40%黑星必克可湿性粉剂1500～2000倍液，或80%必德利或大生M-45可湿性粉剂800～1000倍液，或70%代森锰锌可湿性粉剂1000倍液为主，预防黑星病发生，7～10天1次，连喷3次左右。若发现白粉病发生，可喷施15%粉锈宁2000倍液或10%世高2000～3000倍；若有黑星病发生，则以40%信生可湿性粉剂6000～8000倍液，或12%烯唑醇乳油2000～2500倍液等药剂为主进行治疗，然后换用黑星

必克、必得利、大生 M-45、代森锰锌等；若有黄粉虫或梨木虱发生，仍用上述药剂喷雾防治，同时注意第 2 代梨圆介壳虫和第 2 代康氏粉蚧若虫的发生情况，如有发生仍需防治，有效药剂同前所述。

注意事项：黑星病进入第 2 次防治关键期，采收前 10～15 天的杀菌剂必须按时喷用；不再使用波尔多液，以免污染果面。

参 考 文 献

[1] 郗荣庭．果树栽培学总论．第3版．北京：中国农业出版社，2006.
[2] 张玉星．果树栽培学各论　北方本．北京：中国农业出版社，2003.
[3] 中华人民共和国农业部．种梨技术100问．北京：中国农业出版社，2009.
[4] 孙士宗，王志刚．梨．北京：中国农业大学出版社，2005.
[5] 傅玉瑚，申连长等．梨高效优质生产新技术．北京：中国农业出版社，1998.
[6] 孟凡武．梨无公害标准化生产实用栽培技术．北京：中国农业科学技术出版社，2011.
[7] 王迎涛，方成泉，刘国胜等．梨优良品种及无公害栽培技术．北京：中国农业出版社，2004.
[8] 农业部种植业管理司，全国农业技术推广服务中心，国家梨产业技术体系．梨标准园生产技术．北京：中国农业出版社，2011.
[9] 农业部农民科技教育培训中心，中央农业广播电视学校．苹果、梨生产储藏与加工实用技术．北京：中国农业科学技术出版社，2007.
[10] 张绍铃．梨学．北京：中国农业出版社，2013.
[11] 曹若彬．果树病理学．第3版．北京：中国农业出版社，1997.
[12] 李传仁．园林植物保护．北京：化学工业出版社，2007.
[13] 韩召军．植物保护学通论．北京：高等教育出版社，2001.
[14] 王连荣．园艺植物病理学．北京：中国农业出版社，2003.
[15] 李怀方等．园艺植物病理学．第2版．北京：中国农业大学出版社，2009.